Peter Rasch | Udo Tanske

Rasch durch den Garten

Das NDR-Gartenbuch

HINSTORFF

WENN'S KÜHLER WIRD

Liebe Leser,

da haben sich zwei gefunden. Gärtnermeister Peter Rasch aus Plate und Nordmagazin-Autor Udo Tanske. Über die Jahre und die vielen Drehtage hat sich zwischen den beiden eine Freundschaft entwickelt – und das merkt man den so liebevoll gemachten Gartentipps an.

Die Harmonie zwischen den Protagonisten ist aber nur ein Grund für den Erfolg dieser Serie. Der Wichtigste ist, dass die Garten-Tipps für unsere Zuschauer interessant sind und zum Nachmachen einladen. Praktisch, wirkungsvoll und hilfreich in jeder einzelnen Folge! So blühen die Blumen der Fans jetzt bunter und die Gärten sind noch schöner – alles wegen dieser gelungenen und erfolgreichen Produktion des Duos Rasch und Tanske. Mehr als sechs Jahre geht das nun schon so – und Fortsetzung folgt.

Ich freue mich, dass aus der Nordmagazin-Serie auch ein so schönes Buch geworden ist. „Rasch durch den Garten" ist ein Best-of aus allen Nordmagazin-Folgen.

Viel Spaß beim Lesen wie beim Zuschauen und natürlich beim Gärtnern wünscht

Elke Haferburg
Direktorin des NDR-Landesfunkhauses
Mecklenburg-Vorpommern

Rasch in Ruhe –
Meine Gartenphilosophie

Ist Gärtner ein Traumberuf? Heute, ganz klar: Ja! Als Kind fand ich Gartenarbeit öde – wie fast alle. Aber ich kam gar nicht darum herum. In meiner Familie waren alle Gärtner – seit vier Generationen. Schon mit 12 hatte ich meine erste eigene Johannisbeerplantage – damit habe ich mir mein Taschengeld verdient.

Meine Oma Ilse und mein Vater konnten immer viel erzählen über Pflanzen. Interessant war das schon. Wann müssen die Beete bestellt werden? Was muss man tun, damit die Pflanzen richtig wachsen – nicht nur schnell, sondern auch so, dass wir leckere Früchte ernten können? Und was ist, wenn sie mal von Krankheiten oder Schädlingen befallen werden? Einfach den Arzt rufen kann man in einem solchen Fall ja nicht – da muss sich der Gärtner selbst helfen.

So begann ich mich dann doch für mehr als meine Johannisbeeren zu interessieren und wurde die fünfte Gärtnergeneration in unserer Familie. Vor 25 Jahren habe ich beschlossen, mich auf eigene Füße zu stellen – mit meiner eigenen Gärtnerei, in Plate. Mittlerweile haben wir uns hier ein kleines Paradies geschaffen, in dem wir arbeiten und leben. Manchmal fällt die Unterscheidung zwischen beidem schwer – auch am Sonntag muss der Gärtner im Sommer gießen. Mit unseren fünf Mitarbeitern und meiner Frau arbeiten wir gemeinsam an unserem Traum, möglichst vielen Menschen ein grünes Leben schmackhaft zu machen.

Ich liebe das frische Grün, wenn im Frühjahr die ersten Pflänzchen ihre Köpfe aus der Erde stecken. Freue mich, mit den eigenen Händen in der Erde zu wühlen – auch wenn abends der Rücken schmerzt. Mag es, die Kostbarkeiten aus dem eigenen Garten auf den Tisch zu bekommen.

Als begeisterter Hobbykoch ziehe ich mir am liebsten die frischen Zutaten direkt aus dem Boden. Eine Möhre aus dem Supermarkt kann vielleicht von der Größe her mit meinem eigenen Gemüse mithalten, aber in Sachen Geschmack ist sie chancenlos. Zudem weiß ich genau, was drinsteckt in meinem Selbstgezogenen – und noch viel wichtiger, was nicht enthalten ist: Pestizide und Kunstdünger nämlich.

Wenn die eigenen Kinder über den Hof laufen, denkt man noch einmal ganz anders darüber nach, was auf den Tisch kommt. In der Ausbildung habe ich natürlich alles gelernt über Düngereinsatz, Pflanzenschutzmittel und Ertragsoptimierung. Aber wer zeitgemäß gärtnern will, sollte sich mehr Gedanken über natürlichen Anbau machen.

Vor der Kunstdünger-Revolution wuchs auch etwas auf dem Acker. Unsere Großeltern hatten Mist, Kompost, Pflanzenjauche, Gartenkalk und ihr Wissen über die Pflanzen – das hat gereicht.

Die Giftspritze ist schon lange aus meinem Gemüsegarten verbannt. Wenn meine Kinder mit mir dorthin gehen, lernen sie, wie wir auf ganz natürliche Weise gärtnern.

Klar, ein Garten bedeutet Arbeit. Aber in erster Linie sollte er Spaß machen. Mein Gemüsegarten muss nicht bis in die letzte Ecke akkurat sein. Bücken Sie sich nicht nach jedem Unkraut! Und wenn es Sie stört, nennen Sie es einfach Wildkraut. Gleich sieht man alles mit anderen Augen. Unsere übertrieben ordentlichen Gärten führen ja dazu, dass die Nützlinge, die uns das Leben leichter machen, immer weniger werden. Die Ecke mit den Brennnesseln ist Futterplatz und Kindergarten für viele Schmetterlingsarten. Der Totholzhaufen und die Benjeshecke sind Überwinterungsort und Unterschlupf für Igel, Singvögel und andere hilfreiche Tiere.

Der Garten hinter unserem Haus ist ein geniale eigene kleine Welt. Fast auf der Hälfte der Fläche wachsen Sommerblumen und duftende Kräuter. Dort gibt es keinen Stillstand. Immer entwickelt sich etwas. Ein Ort zum Entdecken. Hier bekommt man den Kopf frei – und jedes Mal, wenn wir mit Dreck unter den Fingernägeln aus dem Garten kommen, sind auch ein paar neue Ideen entstanden.

Das ist auch, was ich den Menschen vermitteln möchte. Gartenarbeit ist viel einfacher, als sie denken. Wir müssen verstehen, dass wir im Einklang mit der Natur am besten leben. Und am Ende kommt noch etwas Gutes dabei heraus: gesundes Obst und Gemüse und eine herrliche Blütenpracht – für die kein Liter Diesel verfahren wurde. Und je nach Saison steht immer etwas anderes auf dem Tisch. Wer das ganze Jahr über mit Tomaten und Erdbeeren kochen kann, macht das auch. Angesichts der frischen Ernte aus dem Garten müssen wir zwar manchmal überlegen, was kochen wir denn daraus? Aber gerade dann entstehen oft die leckersten Gerichte.

Ich halte es mit Rabindranath Tagore, dem indischen Nobelpreisträger für Literatur:

„Dumme rennen, Kluge warten, Weise gehen in den Garten.“

Udo Tanske

Rasch im Film –
Drei Minuten für tausende Gartenliebhaber

Wie wird man eigentlich Fernsehgärtner? Zuerst war Peter nicht unbedingt erpicht darauf, seine Nase in die Kamera zu halten. Bis zum Ende der Gartensaison 2016 haben er und ich jedoch 165 Gartentipps für das NDR Nordmagazin produziert. Von April bis Juni und im September und Oktober wird jede Woche eine Folge gezeigt.

Wie es angefangen hat? Vor ein paar Jahren, 2009, Bundesgartenschau (BUGA) in Schwerin: Alle waren begeistert von der Blütenpracht in der Stadt. Auch viele junge Menschen wollten auf einmal wieder einen Garten, was auch dem Verlangen nach guten Lebensmitteln geschuldet war (und ist). Da entstand in der Nordmagazin-Redaktion die Idee zu einer kleinen Gartenserie. Wir brauchten dazu einen sympathischen Gärtner, mit dem wir im Frühjahr 2010 loslegen konnten. Die Tipps für den Garten sollten einfach die Lust wecken, sich die Hände dreckig zu machen und selbst etwas anzupflanzen. Ein ehemaliger Kollege konnte helfen, er war vom NDR in die Presseabteilung der BUGA gewechselt. „Ich gebe Euch mal eine Nummer – junger Gärtner, ganz aus der Nähe, Plate. Ruft den mal an, der ist cool!"

▸ 2010 ging es los mit der Produktion der „Gartentipps" für das NDR Nordmagazin.

Schon ein paar Tage später stand meine Kollegin Katrin Richter zum ersten Mal mit dem Kamerateam auf dem Hof der Gärtnerei in Plate – das erste Thema: Rasenpflege. Nach dem Testdreh war klar: Der Mann hat Talent vor der Kamera, das können wir so senden, wir müssen nicht weiter suchen.

Was ursprünglich für ein Frühjahr geplant war, geht jetzt ins siebente Jahr. Der „Gartentipp" ist Kult – donnerstags im Nordmagazin. Nichts fragen mich die Kollegen im Funkhaus häufiger als: „Was macht Raschi denn im nächsten ‚Gartentipp'?"

Besonders schön ist es, wenn wir Feedback von den Zuschauern bekommen. Viele schreiben uns. Haben Frage, manche auch Lob. Klar meckern einige, aber das ist selten. Ein Zuschauer hat uns einmal erzählt: „Wenn meine Frau die Musik von der Gartenserie hört, lässt sie alles stehen und liegen und sitzt die nächsten dreieinhalb Minuten vor dem Fernseher." Eine Kundin in Peters Gärtnerei berichtete: „Nach der Folge neulich mit dem Hummelhotel war mein Mann auf einmal im Keller verschwunden. Ein paar Stunden hat er gesägt, gebohrt und gehämmert. Am nächsten Tag war er stolzer Direktor eines Hummelhotels. Und vorgestern kam er strahlend aus dem Garten und verkündete stolz: ‚Wir sind bewohnt!'" Da bekommt man sofort Lust, die nächste Folge zu drehen.

In sechs Jahren haben wir immer wieder neue Themen gefunden, Peter hat immer einen Vorschlag. Einiges gibt ja das Gartenjahr vor, manchmal hören oder lesen wir aber auch etwas, mit dem wir uns dann erst einmal zu beschäftigen haben; zuweilen müssen wir es ausprobieren, damit wir wissen, wovon wir reden. Und auch Peters Vater hat oft eine tolle Idee für ein schönes Thema.

Wir haben im strömenden Regen gedreht und bei 35 Grad. Manchmal hat mir Peter auch ein bisschen leid getan, zum Beispiel, wenn ich an einem heißen Tag zu ihm gesagt habe: „Ich stelle die Kamera mal aufs Stativ. Wir machen das dann als Zeitraffer, wie Du den zehn Meter langen Graben für den Spargel aushebst." Aber da muss er zuweilen einfach durch.

▼ Die Dreharbeiten finden oft auch in Bodennähe statt.

Grundsätzliches

GUTE NACHBARN –
schlechte Nachbarn

„Es kann der Frömmste nicht in Frieden leben, wenn es dem bösen Nachbarn nicht gefällt." Jetzt kommt der uns mit Roland Kaiser, werden einige denken … aber es ist Friedrich Schiller, „Wilhelm Tell". Warum jedoch ein solches Zitat an diesem Ort? Ganz einfach: Es gilt auch für Pflanzen.

▾ Kräuter wirken sich oft positiv auf den Geschmack ihrer Pflanzen-Nachbarn aus. Kresse zum Beispiel macht Radieschen scharf.

Wurzelausscheidungen und Düfte spielen eine große Rolle. Genau wie bei Menschen können sich auch manche Pflanzen nicht riechen. Wenn man sie zwingt, im Garten nebeneinander zu stehen, bleiben sie klein oder gehen sogar ein.

Andere Pflanzen fördern gegenseitig das Wachstum. Sie werden üppiger und gesünder mit bestimmten Nachbarn. Diese Interessengemeinschaft nennen Wissenschaftler Biozönose.

Sympathien und Antipathien kann man sogar am Wurzelwerk ablesen. Die Wurzeln artfreundlicher Pflanzen verflechten sich regelrecht im Untergrund. Die von artfeindlichen hingegen distanzieren sich und ziehen sich auf engstem Raum zurück. Und dann wachsen die Pflanzen eben nicht mehr ordentlich.

Das Gute ist: Die Zahl der Gewächse, die sich vertragen oder begünstigen, ist relativ groß, die jener, die sich negativ beeinflussen, wesentlich geringer. Aber für Mischkulturen im Garten ist es natürlich gut zu wissen, welche das sind.

Kartoffeln und dicke Bohnen gedeihen zum Beispiel zusammen besonders gut. Dill liebt es, zwischen Gurkenranken zu wachsen.

Es gibt sogar Pflanzen die den Geschmack ihres Nachbarn verbessern. Kartoffeln werden besonders schmackhaft, wenn Kümmel oder Koriander daneben

Pflanze	gute Nachbarn
Bohnen	Bohnenkraut, Erdbeeren, Gurken, Kartoffeln, Kohlarten, Kohlrabi, Kopfsalat, Pflücksalat, Rote Bete, Sellerie, Tomaten
Erbsen	Dill, Fenchel, Gurken, Kohlarten, Kohlrabi, Kopfsalat, Mais, Möhren, Radieschen, Zucchini
Erdbeeren	Borretsch, Buschbohnen, Knoblauch, Kopfsalat, Lauch, Radieschen, Schnittlauch, Spinat, Zwiebeln
Gurken	Bohnen, Dill, Erbsen, Fenchel, Kohl, Kopfsalat, Koriander, Kümmel, Lauch, Mais, Rote Bete, Sellerie, Zwiebeln
Kartoffeln	Dicke Bohnen, Kamille, Kapuzinerkresse, Kohlarten, Kohlrabi, Kümmel, Mais, Meerrettich, Pfefferminze, Spinat, Tagetes
Knoblauch	Erdbeeren, Gurken, Himbeeren, Lilien, Möhren, Obstbäume, Rosen, Rote Bete, Tomaten, Tulpen
Kohl	Beifuß, Bohnen, Dill, Endivien, Erbsen, Kamille, Kartoffeln, Kopfsalat, Koriander, Kümmel, Lauch, Mangold, Pfefferminze, Pflücksalat, Rote Bete, Sellerie, Spinat, Tomaten,
Kohlrabi	Bohnen, Erbsen, Kartoffeln
Lauch	Endivien, Erdbeeren, Kamille, Kohlarten, Kohlrabi, Kopfsalat, Möhren, Schwarzwurzeln, Sellerie, Tomaten
Mangold	Buschbohnen, Kohlarten, Möhren, Radieschen, Rettich
Meerrettich	Kartoffeln, Obstbäume
Möhren	Dill, Erbsen, Knoblauch, Lauch, Mangold, Radieschen, Rettich, Rosmarin, Salbei, Schnittlauch, Schnittsalat, Schwarzwurzeln, Tomaten, Zichoriensalate, Zwiebeln
Radieschen/ Rettich	Bohnen, Erbsen, Kapuzinerkresse, Kohlarten, Kohlrabi, Kopfsalat, Kresse, Mangold, Möhren, Spinat, Tomaten
Rote Bete	Buschbohnen, Dill, Gurken, Knoblauch, Kohlarten, Kohlrabi, Koriander, Kümmel, Pflücksalat, Zucchini, Zwiebeln
Salat	Bohnen, Dill, Erbsen, Erdbeeren, Fenchel, Gurken, Kerbel, Kohlarten, Kohlrabi, Kresse, Lauch, Mais, Möhren, Pfefferminze, Radieschen, Rote Bete, Schwarzwurzeln, Spargel, Tomaten, Zichoriensalate, Zwiebel
Schwarz- wurzeln	Kohlrabi, Kopfsalat, Lauch, Pflücksalat
Sellerie	Buschbohnen, Gurken, Kamille, Kohlarten, Lauch, Tomaten
Sonnenblumen	Gurken
Spargel	Gurken, Kopfsalat, Petersilie, Pflücksalat, Tomaten
Spinat	Erdbeeren, Kartoffeln, Kohlarten, Radieschen, Rettich, Sellerie, Stangenbohnen, Tomaten
Tomaten	Basilikum, Buschbohnen, Kapuzinerkresse, Knoblauch, Kohlarten, Kohlrabi, Kopfsalat, Lauch, Mais, Möhren, Petersilie, Pflücksalat, Radieschen, Rettich, Rote Bete, Sellerie, Spinat, Zichoriensalate
Zucchini	Kapuzinerkresse, Mais, Rote Bete, Stangenbohnen, Zwiebeln
Zwiebeln	Bohnenkraut, Dill, Erdbeeren, Gurken, Kamille, Kopfsalat, Möhren, Rote Bete, Schwarzwurzeln, Zichoriensalate

schlechte Nachbarn
Erbsen, Fenchel, Knoblauch, Lauch, Zwiebeln
Bohnen, Kartoffeln, Knoblauch, Lauch, Tomaten, Zwiebeln
Kohlarten
Radieschen, Tomaten
Erbsen, Kürbis, Rote Beete, Sellerie, Sonnenblumen, Tomaten
Erbsen, Kohlarten, Stangenbohnen
Erdbeeren, Senf, Knoblauch, Zwiebeln
Bohnen, Erbsen, Rote Bete
Gurken
Kartoffeln, Lauch, Mais, Spinat
Petersilie, Sellerie
Kartoffeln, Kopfsalat, Mais
Kartoffeln
Knoblauch, Zwiebeln
Erbsen, Fenchel, Kartoffeln
Bohnen, Erbsen, Kohlarten

▶ Die Tomate und ihre Leibwächter – Tagetes schützt sie vor Schädlingen. Das Basilikum kann man gleich für den Tomatensalat mitnehmen.

▼ Zwiebeln schützen unter anderem vor der Möhrenfliege, vertragen sich aber auch mit vielen andern Kulturen.

wachsen. Dill und Möhren beeinflussen sich gleichfalls positiv. Und die Kombination aus Kresse und Radieschen macht Letztere noch würziger.

Andere Mischkulturen wehren Schädlinge ab. Schnittsellerie schützt zum Beispiel Kohlkulturen vor Raupen und Erdflöhen. Der Duft von Salbei, Thymian und Pfefferminze hält den Kohlweißling und andere Falter fern.

Duftendes Bohnenkraut zwischen Bohnenpflanzungen vertreibt die Schwarzen Läuse. Kapuziner- und Gartenkresse sollen bei Tomaten und sogar Obstbäumen Blatt- und Blutläuse abwehren. Auch Ringelblumen oder Tagetes schützen ihren Obst- und Gemüsegarten – und machen ihn nebenbei noch schöner.

Was passt noch zueinander? Möhren und Zwiebeln; Sellerie und Lauch; Tomaten und Petersilie; Salat, Radieschen und Kohlrabi.

Und dann gibt es einige Paarungen, die auf keinen Fall zusammengebracht werden sollten: Salat und Petersilie; Fenchel

und Tomaten; Buschbohnen und Zwiebeln; Kohl und Zwiebeln; Tomaten und Erbsen; Erbsen und Bohnen; Kartoffeln und Sonnenblumen; Kartoffeln und Tomaten; Kohl und Senf.

Wenn Sie diese ungünstigen Nachbarschaften vermeiden, können Sie schon nicht mehr viel falsch machen. Deshalb ist es wichtig, planvoll vorzugehen, wenn Sie einen Garten anlegen: Wer kann mit wem? Das bringt bessere Erträge und spart auch eine Menge Chemie, führt also zu gesünderem Gemüse im doppelten Sinn.

NIE WIEDER UMGRABEN –
das hört sich doch gut an ...

Gartenland und Acker überwintern als grobe Scholle. Deshalb wird umgegraben, damit die sogenannte Frostgare den Boden locker und luftig macht. Es gibt aber auch Biogarten-Experten, die sagen, das genau sei falsch. Ihre Theorie ist folgende.

Im Boden hat sich über das Gartenjahr eine lebendige Humusschicht von 15 bis 20 Zentimeter Dicke gebildet. Von Zentimeter zu Zentimeter sind die Lebensbedingungen für Kleinst- und Mikroorganismen allerdings unterschiedlich.

Wenn wir umgraben, wird das ganze System mit einem Ruck auf den Kopf gestellt.

◀ Umgraben – alte Schule! Wenn Sie es nicht als Fitness-Training brauchen, können Sie es sich in vielen Fällen sparen.

Die luftabhängige obere Schicht liegt plötzlich unten. Ihre Bewohner werden praktisch begraben. Die Nährstoffproduzenten aus der Wurzelzone befinden sich auf einmal an der frischen Luft. Der fein abgestimmte Lebensraum, der sich über das Jahr aufgebaut hat, ist damit eingeschränkt.

Das ist wie ein Erdbeben. Viele der nützlichen Helfer im Boden sterben ab – und diejenigen, die überleben, müssen ihr ganzes System wieder von Neuem aufbauen. Das mindert die Fruchtbarkeit und verzögert das Wachstum im neuen Jahr.

▲ Werden die Erd-
schichten nicht durch
das Umgraben durch-
einander gewürfelt,
ist es für Kleinstlebe-
wesen und Mikroor-
ganismen leichter, die
für die Bodenbeschaf-
fenheit wichtigen Erd-
arbeiten fortzuführen.

Tipp: Um Boden-
verdichtungen zu ver-
meiden, sollte übri-
gens alle drei Jahre
tief gegraben werden.

Wie soll man sich nun verhalten? Die Bodenstruktur mit ihren natürlichen Schichten muss erhalten bleiben. Deshalb ist es gut, den Boden nur mit der Grabegabel aufzulockern: tief einstechen, dann hin und her bewegen, so dass kleine Hohlräume im Erdreich entstehen. Die Schichten werden auf diese Weise aufgelockert und luftdurchlässig, aber in der Lage nicht verändert.

Für größere Beete gibt es eine spezielle Biograbegabel – die ist etwas breiter und man schafft mit ihr mehr. Der Sauzahn sieht aus wie ein Gartengrubber mit einer größeren Kralle. Mit ihm lassen sich Beete mit eher lockerem Boden gut bearbeiten.

Wer will, kann jetzt noch düngen. Tierischer Dünger oder Kompost werden nur in die oberen Schichten eingearbeitet, weil allein hier der nötige Sauerstoff für den Abbau vorhanden ist.

Als letzte Wintervorbereitung bekommt der Boden eine warme, luftige Decke aus organischem Abfall oder Laub. Dadurch bleiben die Temperaturen im Boden etwas höher. Regenwürmer und Mikroorganismen können so länger ihre Arbeit tun.

So die Theorie, die ein anderes Verhalten fordert, als wir es kennen. Sie schont den Rücken und scheint sich zudem in der Praxis zu bewähren. Denn wir haben die Probe gemacht und ein Beet auf konventionelle Weise angelegt und eines, ohne umzugraben. Nach dem Pflanzen wurden beide Beete gleich behandelt. Beim Wachstum haben wir im ersten Jahr keine entscheidenden Unterschiede festgestellt. Bei den Möhren zum Beispiel war es aber auffällig, dass die vom unkonventionellen Beet ein viel intensiveres Aroma hatten.

◀ Der Verzicht aufs Umgraben bedeutet weniger Arbeit – und viel mehr Zeit, den Garten zu genießen.

◀ Ich war erstaunt. Die Möhren aus dem Versuchsbeet dufteten viel aromatischer.

GIESSEN IM SOMMER

Im Sommer muss der Garten gegossen werden – die Pflanzen brauchen Wasser. Die Fragen sind nur: Hat es viel geregnet oder wenig und wie viel davon ist jetzt wirklich im Boden? Das ist schwer abzuschätzen. Selbst nach einem Regenschauer können unsere Beete oft noch einen zusätzlichen Guss vertragen.

◀ Gießen als erste Aufgabe jeden Morgen: Ihre Pflanzen danken es ihnen.

▼ Wassertropfen können in der Mittagssonne wie ein Brennglas wirken und das Blatt verletzen.

Ziemlich wichtig beim Gießen ist natürlich die Uhrzeit. Am besten sind die frühen Morgenstunden. Weil die Sonne noch nicht so hoch steht, ist die Verdunstung noch gering; der Boden hat Zeit, sich mit Wasser vollzusaugen. Die Pflanzen, die beim Gießen nass geworden sind, können in der milden Morgensonne abtrocknen. Je höher der Sonnenstand ist, desto größer wird die Gefahr, dass Blätter verbrennen. Auch wenn Pflanzen ja praktisch Licht „essen" – Sonnenbrand gibt es selbst bei den „grünen Jungs". Ein Wassertropfen in der Mittagssonne wirkt wie eine Lupe. Jeder, der als Kind schon mal mit dem Brennglas „experimentiert" hat, weiß, wie heiß es darun-

▸ ⌄ Wer sich den Wecker nicht auf sechs Uhr stellen möchte, kann den Bewässerungscomputer programmieren.

⌄ Leitungswasser zum Gießen sollte abgestanden sein.

ter zuweilen wird. Und das kann das Blatt natürlich stark verletzen.

Um 6.00 Uhr zu gießen, ist natürlich nichts für jedermann. Für die Langschläfer gibt es Bewässerungscomputer. Einfach an den Wasserhahn anschließen, Uhrzeit und die Länge der Bewässerung einstellen – fertig. Die kleinen Geräte bekommen Sie von verschiedenen Herstellern schon ab 20 Euro. Für technikbegeisterte Gartenfreunde gibt es auch Systeme mit Regenmesser, Bodensensoren und Smartphone-Steuerung.

Bei der Wasserqualität ist klar: Das Beste kommt von oben. Regenwasser ist schön weich, die Temperatur ideal. Wenn wir also die Möglichkeit haben, Regenwasser aufzufangen, sollten wir das tun. Bloß reicht das Aufgefangene oft nicht. Dann müssen wir zusätzlich Wasser aus der Leitung nehmen. Das ist jedoch meist viel zu kalt. Denn auch an heißen Sommertagen hat Wasser aus dem Hahn oft Kühlschranktemperatur. Wir haben bei uns einmal nachgemessen und sind bei gerade acht Grad gelandet. Deshalb Leitungswasser am besten nur abgestanden nutzen.

Woher weiß ich aber, wie viel Wasser mein Boden braucht? Dafür habe ich immer einen Regenmesser im Garten. Die kleinen skalierten Becher gibt es ab 3,95 Euro – und sie sind wirklich nützlich.

◀ Vertrauen ist gut, Kontrolle ist besser. Regenfälle unter 5 Liter pro Quadratmeter und Tag sind zu wenig für den Boden.

◀ Wer sicher gehen will, macht die Spatenprobe.

Den Regenmesser benutze ich übrigens auch unter dem Sprenger. Denn nur so kann ich feststellen, was unten ankommt. Man soll ja nicht zehnmal am Tag gießen. Lieber einmal und dafür richtig. Eine gute Menge sind zehn bis 20 Liter pro Quadratmeter.

Wenn Sie keinen Regenmesser haben, hilft die Spatenprobe. Manchmal sieht der Boden feucht aus, ist es aber nicht. Wenn er jedoch über die gesamte Tiefe eines Spatenstichs gut mit Wasser versorgt ist, brauchen Sie auf jeden Fall nicht zusätzlich zu gießen.

Tipp: Opa hat schon immer gesagt: Einmal hacken ist wie einmal gießen. Man spart eine Menge Geld, auch das Unkraut wächst nicht so rasant. Durch das Hacken wird die Oberfläche gebrochen, das Wasser dringt leichter in den Boden, die Verdunstung ist nicht so hoch und die Feuchtigkeit hält sich besser im Boden.

Wie bekommen wir das Wasser am besten aufs Beet? Die Gießkanne ist natürlich optimal: Wir gießen genau dort, wo das Wasser hin soll. Allerdings schont man bei dieser Vorgehensweise nicht den Rücken. Ein Tropfschlauch ist die bessere Lösung. Er ermöglicht bei wenig Verdunstung ganz gezieltes Bewässern. Wir können ihn direkt ins Beet eingraben. Auch die sogenannten Perlschläuche mit vielen feinen Löchern, aus denen das Wasser direkt in den Boden sickert, sind eine gute Alternative. Ein Sprenger hingegen spritzt zwar weit und hoch, ist damit jedoch ungenau und weniger effektiv. Viel Wasser bleibt auf der Strecke, verdunstet schon, bevor es am Boden ankommt, oder treibt weit ab, wenn es windig ist.

Noch eine schöne Spielerei für Technikfans ist der Bodensensor fürs Beet oder den Blumenkasten. Er schickt alle Informationen via Bluetooth aufs Handy. In der dazugehörigen App können Sie dann genau sehen, ob Ihre Pflanzen genug Wasser, Licht und Dünger haben und wie hoch die Bodentemperatur ist.

▲ Ein durch Hacken gelockerter Boden nimmt leichter Wasser auf. Günstig ist auch ein Tropfschlauch.

Ohne Saat
keine Ernte

SAATGUT UND STECKLINGE

Wenn wir Pflanzen haben, die uns gut gefallen, warum nicht einmal probieren, sie selbst nachzuziehen. So wissen wir, was wir bekommen, und sparen auch noch Geld. Selbst wenn eine Tüte Samen nicht die Welt kostet – in der Masse rechnet es sich dann doch.

Auch die schönsten Gartenblumen sind im Herbst verblüht – aus den trockenen Blütenständen von Sommerblumen wie Astern, Dahlien, Zinnien oder Studentenblumen kann ich dann leicht Samen gewinnen.

Dafür suche ich mir die besonders großen und ausgereiften Blüten aus. Die Samen trockne ich im Haus auf der Fensterbank. Da sind sie vor Vögeln sicher.

Bei den Sonnenblumen muss man schnell mit der Ernte beginnen, sonst haben die Vögel alles weggepickt. Eine Handvoll Körner nehme ich für mich – den Rest überlasse ich den Tieren für den Winter.

Von der Tagetes, der Studentenblume, brauchen wir eine Menge Saat. Sie fassen nicht nur unsere Beete hübsch ein, sondern halten auch manchen Schädling fern. Jede Blüte enthält eine Menge der stäbchenförmigen Samen.

Was bei den Blumen funktioniert, geht natürlich auch bei Gemüse wunderbar. Bohnen, Zucchini, Kürbis, Gurke, Tomate – überall kann im Herbst Saat gewonnen werden. Das Gute bei diesen Gemüsearten ist, dass trotz der Saatgewinnung noch genug von der Frucht zum Essen übrig bleibt. Man muss also nicht auf Kürbissuppe, Schmorgurken oder Zucchinischiffchen verzichten – einfach die Kerne, die bei der Zubereitung sonst im Abfall landen, aufbewahren und trocknen.

▲ Nutzen Sie einen schönen Spätsommertag – dann lässt sich die Saat ganz leicht aus den vertrockneten Blüten gewinnen.

◀ Liegen Samen vor dem Trocken ein paar Tage
im Wasser, löst sich das Fruchtfleisch besser.

Um eine schöne, saubere Saat zu erhalten, lege ich die Kerne drei Tage in Wasser
ein. Das Gemisch fängt dann leicht zu gären
an, dadurch lassen sich die Samen schließlich
ziemlich sauber und leicht von den Frucht-
fleischresten trennen.

Zum Trocken legen wir die Samen auf
einem Geschirrhandtuch an einen sonnigen
Ort. Auch eine Küchenrolle oder Zeitungspapier können verwendet werden.

Aber Achtung bei Tomaten! Nicht alle Sorten
eignen sich. Das gilt für alle F1-Hybridsorten.
Bei diesen Züchtungen kann im folgenden
Jahr etwas völlig anderes herauskommen.
Auf jeden Fall werden es Tomaten, aber die
Sorte kann man nicht mit Bestimmtheit
vorhergesagen. So ist es möglich, dass aus
dem Saatgut wieder eine der Urformen der
Züchtung wächst. Es ist ein bisschen wie
Tomaten-Lotto. Wenn Sie also im kommenden Jahr wieder eine spezielle Sorte ernten
möchten, sollten Sie lieber neues Saatgut
kaufen. Oder Sie achten darauf, dass es sa-
menfeste alte Sorten sind.

Auch bei anderen F1-Hybrid Gemüsesorten ist es ähnlich und ein Zuchterfolg
nicht garantiert.

Beim Eintüten sollten die Samen richtig trocken sein – das ist wichtig! Ich verwende
einfache, wiederverschließbare Gefrierbeu-
tel. Die sind ideal für die Lagerung. Aber vergessen Sie nicht das Beschriften! Damit Sie
im nächsten Jahr wissen, was überhaupt in
den Tüten zu finden ist. Saatgut muss dunkel und warm eingelagert werden – zum Beispiel in einer Holzkiste. Dann hält es sich bis

ca. sechs Jahre. Sie sollten aber beachten, dass die Keimfähigkeit immer mehr abnimmt, je länger die Samen lagern.

KOPFSTECKLINGE

Ende September ist wirklich eine ideale Zeit, um von mediterranen Kräutern im Garten noch schnell Stecklinge zu gewinnen. Wenn wir wirklich einen harten Winter bekommen, kann es sein, dass die eine oder andere Pflanze die kalte Jahreszeit nicht überlebt. Aber dann habe ich immerhin kleine Pflänzchen, die ich wieder in meinen Garten setzen kann.

▼ Der Frühherbst ist die beste Zeit für Kräuter-Stecklinge.

Stecklinge können wir von fast allen mehrjährigen Kräutern wie Salbei, Rosmarin, Oregano, Minze, Estragon, mehrjährigem Bohnenkraut, Thymian oder Lavendel schneiden. Der Vorteil von Stecklingen ist, dass aus ihnen Tochterpflanzen entstehen, die exakt der Mutterpflanze entsprechen. Bei einer Vermehrung durch Saatgut dagegen kann es zu Variationen kommen. Wichtig ist, möglichst frische Triebe auszuwählen.

Die Vermehrung ist relativ einfach. Am besten eignet sich ein Kopfsteckling. Dieser sollte nicht zu groß geschnitten sein. Zwei Blätter kann man an ihm belassen – bei Pflanzen mit kleineren Blättern, wie Rosmarin, natürlich einige mehr. Große Blätter hingegen, wie beim Salbei, werden halbiert – dann verdunstet nicht so viel Wasser und der Steckling kann leichter Wurzeln bilden.

Beim Basilikum ist das eben Beschriebene nicht möglich, weil er schon im Sommer lange Blütenstände an den Spitzen ausbildet. Diese müssen natürlich beseitigt werden. Dort schneide ich mir einen Teilsteckling – das ist einfach ein Abschnitt aus dem Stiel mit einer Blattachse. Die unteren Blätter zupfe ich ab – und schon habe ich einen schönen kleinen Steckling. Bei Lavendel ist es ganz leicht: oben ein paar Blätter stehen lassen, die unteren abzupfen, gerade schneiden, fertig ist der Steckling.

▸ Zum Schneiden der Stecklinge sollte man immer nur ein scharfes, sauberes Messer nutzen.

Stecklinge zu schneiden ist ähnlich wie eine Operation. Das Werkzeug – ob Schere oder Messer – muss scharf sein, damit saubere Schnitte möglich sind und keine Quetschungen entstehen. Außerdem sollte man penibel auf Sauberkeit achten. Dies erhöht die Chance, dass aus den Zöglingen im nächsten Jahr etwas wird.

Zur Lagerung eigenen sich am besten kleine Töpfe, Anzuchtschalen, Quelltöpfe oder selbstgemachte Behälter aus Zeitungspapier. Das Substrat, in das die Stecklinge gesetzt werden, muss nährstoffarm sein – Kokosfasern, Anzuchterde oder alte Blumenerde. Wenn Sie Bewurzelungspulver haben, können Sie es ruhig benutzen. Es ist aber nicht zwingend notwendig. Einfach den Steckling – wie der Name schon sagt – in die Erde stecken, leicht andrücken, fertig.

Wichtig ist, wenn man Stecklinge schneidet, sie möglichst gleich auch einzupflanzen. Wenn es einmal nicht sofort gehen sollte, dann die Ernte für ein paar Stunden ins Wasser legen, damit sie bis zum Pflanzen frisch bleibt. Bis zur Bewurze-

▸ Nach dem Schneiden sind die Stecklinge möglichst schnell einzupflanzen.

lung sollten die Stecklinge schattiert werden. Regelmäßiges Wässern mit feiner Brause garantiert ein hohes Anwachsergebnis.

Die Vermehrung mit Kopfstecklingen ist eine sehr einfache und zuverlässige Methode, die auch Anfängern gut gelingen kann. Ich setze meine Stecklinge in Töpfen ins Beet. Dort sind sie gerade im Herbst, in dem es ja doch öfter regnet, gut aufgehoben. Hier trocknen sie nicht so schnell aus. An einer geschützten, nicht zu sonnigen Stelle können sie bis zum ersten Frost draußen bleiben. Wenn es noch einmal sehr warm wird, sollten wir die Kleinen allerdings mit Folie oder einem Frühbeetfenster vor Verdunstung bewahren.

Nach den Kräutern wende ich mich übrigens gleich dem Buchsbaum zu. Für den sind der Spätsommer und Herbst ebenfalls eine ideale Zeit zum Vermehren. Hier redet der Gärtner jedoch nicht vom Steckling, sondern vom Rissling. Ich reiße einfach einen frischen kleinen Ast mit etwas Rinde ab. Die langen Triebe werden eingekürzt, um die Verdunstungsfläche zu verkleinern. Den Rissling kann ich schließlich direkt in den Gartenboden stecken – und im Frühjahr sollte die kleine Buchsbaumpflanze Wurzeln gebildet haben.

⌃ Meine Stecklinge setze ich zum Wurzelschlagen noch einmal ins Beet, dort trocknen sie nicht so schnell aus.

⌃ Beim Buchsbaum heißt der Steckling Rissling.

STECKHÖLZER

Wenn die Brutzeit der Vögel vorbei ist, können wir uns ganz ohne Gefahr der Pflege von Hecken, Sträuchern und Büschen widmen und das letzte Mal im Jahr das Grün in Form bringen. Aber nicht nur außen schneiden! Es sollte auch ein bisschen ausgelichtet werden, indem man ein paar dicke alte Äste herausnimmt. Das geht nicht unbedingt bei den Formhecken am Gartenzaun, dafür jedoch bei den Pflanzen, die buschiger wachsen.

Das Abgeschnittene muss ich aber nicht gänzlich wegwerfen. Beim Auslichten kann ich nämlich gleich vorsorgen, falls mal eine Pflanze in der Hecke eingehen sollte. Ich suche mir ein paar schöne, kräftige, einjährige Triebe aus, denn

Tipp: Steckhölzer
unten gerade und
oben schräg schnei-
den. Dann weiß ich
später, welche Seite
in den Boden muss.
Wenn das Holz
falsch herum in den
Boden kommt, wird
keine neue Pflanze
entstehen.

▾ Der Weg der Steck-
hölzer kann über das
Gemüsefach des Kühl-
schranks gehen.

aus diesem Holz sind leicht Steckhölzer zu schneiden. Gute Kandidaten sind
Forsythie, Perlmuttstrauch, Sommerflieder, Jasmin, Holunder, aber auch Rosen
und andere Heckenpflanzen eignen sich.

Stecklinge werden in der Hauptvegetationsphase geschnitten, Steckhölzer dagegen am Ende der Vegetationsphase (Bild 1), wenn das Laub schon weitgehend
abgefallen ist. Ich schneide 15 bis 20 Zentimeter lange Stücke und lasse unten
und oben jeweils ein Auge stehen (2).

Steckhölzer müssen nicht sofort in den Boden. Sie können in einer Tüte im Gemüsefach des Kühlschrankes aufbewahrt (3) und im Frühjahr wieder herausge-
holt werden. In einem solchen Fall sollten sie aber vor dem Einpflanzen noch
einmal 48 Stunden in Wasser liegen. Gesteckt wird, sobald die Nächte frostfrei
sind (4). Das ist die sicherste Methode.

◄▼ Schnell entwickeln Steckhölzer eigene Wurzeln.

Allerdings können Sie auch schon im Herbst die Hölzer wieder in den Boden bringen. Dabei ist nicht viel verkehrt zu machen: im Beet ein Stückchen vom Unkraut befreien und die Hölzer schräg hineinstecken, ein Viertel sollte herausgucken. Dann muss darauf geachtet werden, dass die Erde immer feucht ist.

Noch einfacher ist es, wenn ich einen schmalen Streifen schwarze Folie auslege. Die frisch geschnittenen Steckhölzer werden durch die Folie hindurch in den Boden gesteckt. Dieses Verfahren hat den Vorteil, dass man im Frühjahr keine Probleme mit dem Unkraut hat. Nur muss im Winter ab und zu kontrolliert werden, ob die Steckhölzer nicht durch den Frost aus dem Boden gedrückt wurden und obenauf liegen. Passiert das, wird es nichts mit den neuen Gewächsen.

Im nächsten Herbst sollten die Kleinen bereits kräftige Wurzeln gebildet haben. Nach dem ersten Jahr schneide ich die neuen Triebe noch einmal zurück. Die Pflanzen treiben dann im nächsten Jahr neu aus und werden schön buschig. Eine zweijährige Pflanze hat schon eine Größe, wie sie im Laden verkauft wird. Zu diesem Zeitpunkt kann sie an ihrem vorgesehenen Platz im Garten eingesetzt werden.

AUSSAAT

Ein paar Tage Sonne und Plusgrade – da lacht das Gärtnerherz. Wenn der Winter sich in manchen Jahre in die Länge zieht, würde ich am liebsten schon mit der Schlagbohrmaschine vorbohren, damit ich die Erbsen in den Boden bekomme.

Mit dem Wetter ist es ja immer so eine Sache: mal ist der Winter hart, mal mild, mal haben wir ein zeitiges Frühjahr, mal ein spätes. Es ist unmöglich, genau zu sagen, wann es im Garten wirklich losgeht. Aber wir haben einen Helfer, der uns bei der Vorhersage beistehen kann: die Natur. Besonders an den Blüten im Garten kann ich gut erkennen, wann es so weit ist.

Die Forsythie ist ein wunderbarer Indikator. Wenn sie blüht, können wir die Rosen schneiden und mit den ersten Aussaaten beginnen. Erbsen und Möhren setzen wir jetzt ins Beet, Zwiebeln dürfen gesteckt, aber auch Radieschen und Petersilie dürfen nun gesät werden.

Die nächsten Blüten auf die wir achten müssen sind die an den Obstbäumen. Spätestens wenn die Äpfel anfangen zu blühen, wird es Zeit für Dill, Mangold und Salat.

Die Möhren sollten zur Apfelblüte schon gute vier Wochen im Beet sein. Wer das verpasst hat, dem bietet sich noch eine Chance: Es gibt einen Trick, um Zeit aufzuholen. Normalerweise braucht Möhrensaat drei bis vier Wochen, um aufzulaufen. Da ist das Unkraut im Beet meist schneller. Lege ich die Saat jedoch zwei Tage in warmes Wasser, dann quillt sie schon auf und die Möhren brauchen nur 10 bis 12 Tage zum Keimen.

▶ Die Natur zeigt an, wann der beste Zeitpunkt ist, das Saatgut in die Erde zu bringen. Vorquellen bringt schnelleren Erfolg und feiner Sand macht das Aussäen von kleinen Körnern leichter.

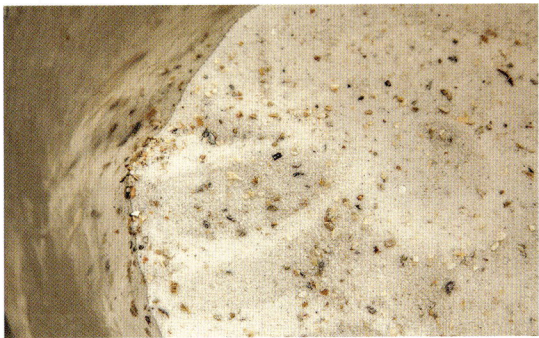

Das Originalsaatgut ist ziemlich klein. Das macht ein gleichmäßiges Verteilen in der Furche immer schwierig. Die vorgequollenen dicken Körner lassen sich natürlich viel besser aussäen. Damit Sie nicht aneinander kleben, mische ich sie mit Sand. Statt in Wasser können Sie die Möhrensaat auch gleich vier Tage in feuchtem Sand quellen lassen. In einer Sandmischung lassen sich die feinen Samen wesentlich gleichmäßiger in den Boden bringen. Einfacher ist nur noch das Saatband. Das können wir allerdings nicht vorquellen lassen.

Wenn wir die Möhren aussäen, darauf achten, dass sie Platz haben, um sich zu entwickeln. Wer zu dicht sät, muss die jungen Möhrchen recht früh verziehen. Dabei verströmen sie schon ihr wunderbares Aroma – und das lockt die Möhrenfliege an.

Noch ein Trick: Bevor ich die Reihen schließe, streue ich ein paar Salat- oder Radieschensamen mit hinein. Die keimen schnell, so dass ich die Reihen besser sehen und schon mal hacken kann. Eine andere Möglichkeit wäre es, zwischen die Möhren Zwiebeln zu stecken. Diese sind gleichfalls schnell zu sehen. Und die Möhren schützen ihre Nachbarpflanze nebenbei vor der Zwiebelfliege.

Auch für dicke, große Gemüsesorten gibt es eine Starthilfe. Milch macht nicht nur müde Männer munter, sondern auch Melone, Kürbis, Salatgurke und Zucchini. Deren Samen werden zwei Tage in Milch eingelegt. Die Milchsäure weicht den dicken Panzer der Samen auf. Das Saatgut läuft auf diese Weise viel besser auf.

Und wie kann Tomaten beim Wachsen geholfen werden? Zwei Knoblauchzehen in eine Tasse geben, heißes Wasser darüber gießen; nach dem Abkühlen wird das Saatgut dazugegeben. Zwei Tage sollte es ziehen, danach kann es ausgesät werden. Dieser kleine Trick beschleunigt nicht nur den Keimprozess, sondern hilft zugleich wunderbar gegen die Umfallkrankheit.

▶ Milch als Geburtshelfer: Die Milchsäure macht die dicken Schalen der Samen weicher.

SAATGUT KAUFEN

Saatgut gibt es überall – selbst bei den Discountern. Aber Augen auf beim Tütenkauf! Was ist zu beachten?

Lassen Sie sich nicht von der Tütengröße oder dem Preis täuschen. Die billigsten Tütchen sind nicht immer die günstigsten. Gerade bei Saat gibt es viele Mogelpackungen. Auf der Rückseite jeder Verpackung sollte vermerkt sein, für wie viele Pflanzen oder Quadratmeter die Samen reichen. Vergleichen Sie da ruhig mit dem Konkurrenzprodukt. Es kann sich lohnen.

⌄ Im Backofen erhitzte Anzuchterde ist frei von Krankheiten.

⌄ Kauft man Saatgut, dann auf das Produktionsdatum achten!

Frische Saat geht besser auf. Schauen Sie deshalb bitte nicht nur auf das Haltbarkeitsdatum, sondern vor allem auf den Produktionszeitraum. Auf manchen Tüten finden wir diese Angaben nur verschlüsselt, durch einen fettgedruckten Buchstaben. C bedeutet zum Beispiel: Hergestellt im Wirtschaftsjahr 2010/2011. Ist man sich nicht sicher, dann den Händler fragen!

Auch bei Steckzwiebeln gibt es etwas zu beachten: Hier ist größer nicht besser! Wenn im Laden die schönen großen für 99 Cent ausliegen, kaufen Sie lieber die kleinen für zwei Euro! Erstens sind bei den großen weniger im Netz und zweitens schießen kleine Steckzwiebeln weniger schnell in die Saat, bekommen dafür bessere Zwiebeln.

Aussaat- oder Anzuchterden sind überall im Fachhandel erhältlich. Man kann sie aber auch einfach selbst mischen. Die Zutaten: zwei schöne Maulwurfshaufen – die Erde hat der kleine Bergarbeiter nämlich bereits trefflich aufgelockert – und eine Schaufel Sand. Anzuchterde sollte nicht zu viele Nährstoffe enthalten, deshalb nur eine Schaufel vom guten Kompost hinzufügen. Alles sorgfältig mischen und durchsieben – und dann für 30 Minuten bei 180 Grad in den Backofen schieben, um Krankheiten und Unkräuter abzutöten.

Für die Anzucht zum Beispiel von Tomaten ist die Papiertopfpresse ein

*2) Das Bundessortenamt setzt in jedem Jahr den zu verwendenden Jahresschlüssel fest.

Bei der Verschließung von Kleinpackungen mit Standardsaatgut im Wirtschaftsjahr 2011/2012 (1.7.2011-30.6.2012) ist bei verschlüsselter Angabe der Jahresschlüssel

T anzuwenden

Jahresschlüssel 2010/2011 war C
Jahresschlüssel 2009/2010 war M
Jahresschlüssel 2008/2009 war S

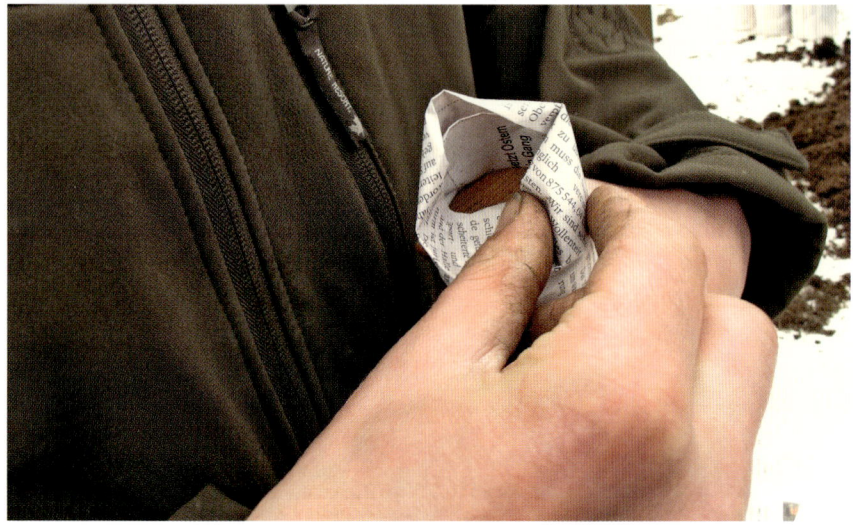

▸ So schnell und
einfach entstehen
(fast) kostenlose
Pflanztöpfchen.

Tipp: Wenn Sie Saat von Astern genommen haben, legen Sie die Samen vor den Aussäen noch einmal ein bis zwei Tage ins Tiefkühlfach, denn Frost verbessert die Keimfähigkeit.

nützliches kleines Hilfsmittel. Für 7 bis 10 Euro ist sie im Fachhandel oder im Internet zu kaufen. Damit wird aus einem Viertel einer normalen Tageszeitungsseite ein praktisches kleines Behältnis. Das Papier einmal längs falten und um den Holzzylinder der Presse wickeln, so dass unten etwa 2,5 Zentimeter überstehen. Dort wird das Papier am Stoß beginnend nach innen gefaltet und der Stempel fest in die Unterlage der Presse gedrückt – fertig ist der Anzuchttopf.

Nehmen Sie bitte nur einfaches Zeitungspapier – keine bunten Werbeflyer oder Kataloge! Die enthalten mehr Chemie und Druckfarbe. Außerdem können sie die Töpfchen aus Zeitungspapier problemlos, so wie sie sind, in den Garten oder ins Gewächshaus pflanzen. Sie verletzen keine Wurzeln – und für den Rest des Jahres stapeln sich keine leeren Plastikgefäße in Gartenhaus, Keller oder Schuppen.

WIE LEGE ICH EIN HOCHBEET AN?

Ein Hochbeet hat wirklich viele Vorteile – besonders für alle über 40. Zum einen muss man sich nicht so bücken bei der Arbeit, zum anderen kann man sich zwischendurch schön auf die Beet-Kante setzen und in den Garten gucken. Zudem hilft eine solche Anlage auch mal, wenn bei der Gartenparty nicht genügend Sitzgelegenheiten vorhanden sind.

Es gibt zahlreiche Möglichkeiten, ein Hochbeet zu bauen: aus Brettern, aus alten Balken oder mit einem Geflecht aus Weidenruten. Für alle, die es besonders schick mögen, oder die, die nicht so viel handwerkliches Geschick an den Tag legen, gibt es auch schöne Bausätze.

Mein Hochbeet fertige ich einfach aus alten Paletten direkt an der Terrasse. In ihm will ich später ein paar Tomaten zum Naschen und Kräuter für die Küche anbauen.

Von innen wird die Konstruktion mit Folie (vgl. Bild 1, Seite 50) ausgeschlagen. Eine stabile Gartenfolie schützt die Wände vor Wasser, das Beet soll ja länger als drei Jahre halten. Auf den Boden kommt aber natürlich keine Folie! Dadurch haben wir kein Problem mit Staunässe, Regenwürmer und andere kleine, aber nützliche Bodenbewohner können ungehindert einziehen. Damit dies nicht auch Nager tun, lege ich ein Drahtgeflecht (2) in der passenden Größe auf den Boden. Ich

▶ Alte Balken oder Weidenruten – beim Hochbeetbau können Sie ihrer Fantasie freien Lauf lassen.

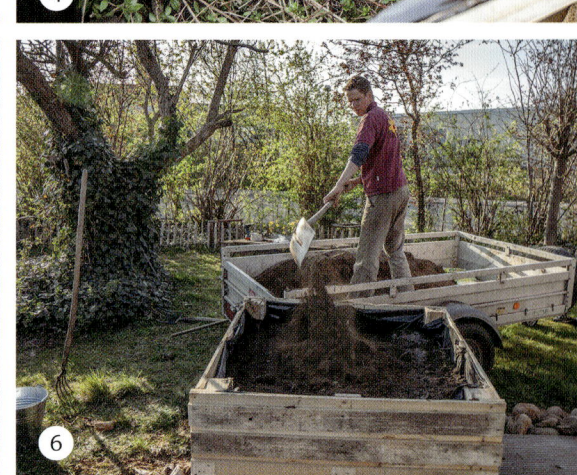

benutze einfach Kükendraht, der mehrfach übereinandergelegt wird. Loch-ziegel (3) stellen eine noch bessere und haltbarere Methode dar, die Wühlmaus auszusperren.

Hochbeete sind wie Pralinen: Auf die Füllung kommt es an. Zuerst schneide ich Reste der Hecke zurecht und lege 15 bis 20 Zentimeter des Gestrüpps überein-ander (4). Diese lockere Schicht ist wichtig für die Drainage. Danach kommen noch einmal genauso viel Laub und geschredderte Gartenabfälle darüber (5). Jetzt schichte ich schönen reifen Kompost in das Hochbeet (6). Auch hier zie-hen wieder viele Kleinstlebewesen mit ein, die für stabile Verwertungskreis-läufe im Boden sorgen. Nun fülle ich abgelagerten Stallmist hinzu. Der sollte wirklich gut verrottet sein, frischer Mist ist viel zu scharf.

In die verschiedenen Schichten der Hochbeetes habe ich 5 bis 10 Kilo Urge-steinsmehl (7) verteilt. Es enthält Mineralien, verbessert die Verwertbarkeit der Nährstoffe, sorgt für einen schön vitalen Boden und damit gutes Wachstum.

Sinnvoll ist es ebenfalls, beim Füllen eines Hochbeetes zwischendurch eine Schicht Ackerschachtelhalm oder Brennnesseln zu legen. Daraus wird mit der Zeit guter Dünger.

Schicht für Schicht habe ich das Hochbeet aufgefüllt. Das ist zwar eine Menge Arbeit, aber ein so gut aufbereiteter Boden findet sich sonst im Garten nicht (8) – fast eine Garantie, dass es wächst und gedeiht. Dieses Beet kann schnell zum liebsten Quadratmeter auf dem ganzen Grundstück werden.

◄ Seite 50:
Der Hochbeetbau ist zwar aufwendig, aber das Ergebnis ent-schädigt für alle Anstrengungen.

Rasche Gartenregel Nr. 1

Wenn man sich nicht sicher ist: Abschneiden!

Ich weiß, wenn eine Pflanze gerade hübsch aussieht, fällt es nicht leicht, etwas von ihr abzuschneiden. Aber auch Gewächse brauchen ab und zu mal eine neue Frisur, um üppig zu gedeihen. Vor allem bei Kräutern und Balkonpflanzen wirkt das Wunder. Sonst werden sie nur lang und kahl. Regelmäßiges Nachschneiden lässt sie schön buschig werden ...

KOMPOST

Kompost ist ein prima Humuslieferant für den Garten. Komposterde spart Dünger, mit ihr verwerten wir Garten- und Küchenabfälle sinnvoll. Denn in den Resten steckt eine Menge Energie, die die Pflanzen aus Nährstoffen und Sonne durch die Photosynthese gewonnen und in ihren Zellen gespeichert haben. Dieses Potenzial sollten wir nicht verschenken. Aber denken Sie daran – Kompost ist kein reiner Abfallhaufen.

Hausmüll, Essensreste und kranke Pflanzenteile sollten auf keinen Fall auf dem Kompost landen. Kaffeefiltertüten, Teebeutel, Reste von Gemüse und Obst aus der Küche, Stroh und Streu, Eierschalen, Rasen-, Strauch- und Baumschnitt, Laub sowie Rinde und Sägemehl dagegen können wir problemlos kompostieren. Wenn Sie einen hohen Laubanteil im Kompost haben, tun Sie gut daran, alle 20 Zentimeter ein paar Hände Kalk unterzumischen. Algenkalk oder Steinmehl beschleunigen die Verrottung, toxische Bestandteile etwa aus Kastanienlaub oder die Gerbsäure aus Eichenblättern werden schneller neutralisiert. Ohne Kalk wird ihr Kompost durch das Laub zu sauer. Vorsicht ist bei Südfrüchten geboten: Die Schalen von Orangen, Zitronen und Bananen enthalten oft hohe Pestizid-Konzentrationen. Hier bitte nur die Abfälle von Biofrüchten kompostieren, sonst holen wir uns unbekannte Gifte in den Garten.

◀ Bei Südfrüchten gilt: Nur Bio-Früchte dürfen in den Kompost.

◀ Nur das feine Material kommt in den Garten. Große Stücke drehen noch eine Runde im neu angesetzten Kompost.

▶ **Seite 57**: Gartenkalk hilft gegen zu sauren Kompost.

Aber wie sollte man einen Komposthaufen anlegen? Der Standort darf weder in der prallen Sonne noch im totalen Schatten liegen. Um Austrocknung oder Fäulnis zu vermeiden, ist der Halbschatten – etwa im Schutz einer Hecke oder unter einem Baum – am besten. Da ein guter Komposthaufen immer genügend Frischluft braucht, sollte der Platz zwar windgeschützt, aber nicht völlig windstill sein. Die Seitenteile bitte so bauen, dass Luft in das Innere gelangen kann. Legen Sie ihren Kompost nicht zu üppig an. Ungefähr ein Kubikmeter – nicht größer. Das erleichtert später das Umsetzen des Haufens.

Und halten Sie, wenn es geht, etwas Abstand zur Grundstücksgrenze. Damit vermeiden Sie unnötige Diskussionen über Geruchsbelästigung mit dem Nachbarn.

Eine der frühesten Arbeiten im Garten, noch bevor wir mit dem Pflanzen oder Säen beginnen, ist das Umsetzen des Komposthaufens. Ist er nicht durchgefroren, dann kann man bei trockenem, möglichst sonnigem Wetter loslegen.

Selbst nach einem Jahr finden sich in einem Komposthaufen noch Holzstücke oder Reste von gerbsäurehaltigem Laub, zum Beispiel von Eiche oder Walnuss, die nicht vollständig zersetzt sind. Am einfachsten trennen Sie den Kompost mit einem Durchwurfsieb, das man sich auch ausleihen kann. Dieses Sieb einfach auf den Boden oder über eine Schubkarre stellen, wobei Sie die Feinheit des Komposts beeinflussen können. Je steiler der Aufstellwinkel ist, um so feiner wird der Kompost gesiebt. Das ausgesiebte grobe Material können Sie übrigens noch verwenden. Es kommt auf den nächstjüngeren Komposthaufen oder ganz unten in einen neuen, leeren Komposter.

Der ausgesiebte Feinkompost hilft den Pflanzen zu Beginn der neuen Gartensaison auf die Sprünge. Sie können ihn ruhig zehn Zentimeter dick auf den Beeten ausbringen. Reifer Kompost stabilisiert das Leben im Boden, verbessert seine Durchlüftung und die Wasserhaltefähigkeit.

Komposterde sollte angenehm riechen – auf keinen Fall faulig oder sauer. Machen Sie zur Sicherheit noch einen pH-Test. Teststreifen bekommt man im Gartenfachhandel, aber auch in der Apotheke; solche für einen Urintest gehen ebenfalls und sind meist billiger. Ein pH-Wert von 6 bis 7 ist ideal für den Gemüsegarten. Saurere Komposterde sollte mit etwas Gartenkalk gemischt werden, damit sie basischer wird. Sie ist allerdings auch für den Rhododendron oder die Heidelbeere zu verwenden. Diese Pflanzen lieben es etwas saurer. Bei ihnen ist ein pH-Wert von 4 bis 5 ideal.

Den feingesiebten reifen Kompost sollten Sie übrigens nicht einfach liegen lassen. Wenn Sie ihn nicht gleich verwenden, muss er vor Regen geschützt werden. Sonst würden die Nährstoffe gleich wieder ausgewaschen. Am besten den Haufen im Garten mit Folie abdecken oder den Kompost in Säcke füllen.

RASCHE KOMPOST-KUNST

In vielen Gärten stellt der Komposthaufen die Ecke dar, die man am liebsten niemandem zeigen würde. Aber es geht auch anders.

▶▾ Schön dekoriert kann der Kompost-haufen auch der Mit-telpunkt des Gartens werden. Das erspart lange Wege und fordert wenig zusätzliches Material.

Statt einer Konstruktion aus Europaletten oder alten Zaunfeldern kann man sich auch einen schmucken Behälter bauen. Meiner soll ungefähr einen Meter Seitenlänge aufweisen. Diese Ausmaße reichen für einen durchschnittlich großen Garten. Als Baumaterial eignen sich Latten aus unbehandeltem Holz. Lärche ist besonders schön und robust, jedoch teuer, Fichtenlatten sind günstiger und halten trotzdem ein paar Jahre.

Die Latten werden auf etwa einen Meter Länge zurechtgesägt. Daraus schraube ich zwei Felder zusammen. Zwei Hölzer fungieren als Rahmen, die anderen werden im Abstand einer Lattenbreite darauf geschraubt. So kann ich sie später gut miteinander verbinden. Gleichzeitig sorgen die Lücken zwischen den Hölzern für genügend Durchlüftung unseres zukünftigen Komposthaufens.

Auf einer Seite lege ich die Stützhölzer doppelt. Die Querlatten werden nur an den inneren Hölzern verschraubt. So entsteht eine Tür, durch die wir immer an den Komposthaufen herankommen können. Denn ein guter Kompost sollte zweimal im Jahr umgeschichtet werden.

◄▾ Das Grundgestell ist in einer Stunde zusammengeschraubt. Für die Deko bitte Farben auf Wasserbasis verwenden.

Bevor ich den neuen Behälter fülle, bedecke ich den Boden mit einer Schicht aus Reisig oder dünnen Ästen. Diese muss nur ein paar Zentimeter dick sein und wird von unten für eine gute Luftzirkulation sorgen. Nun kann ich meine Gartenabfälle einfüllen. Alle 20 bis 30 Zentimeter bringe ich eine Schicht fertigen Kompost aus einem alten Haufen ein – damit übertrage ich Mikroorganismen, die den Zersetzungsprozess beschleunigen.

Und wie ist es mit dem Aussehen? Um dieses zu verbessern, bekommt mein Kompostbehälter ein paar Dekoelemente. Dabei können wir unserer Phantasie freien Lauf lassen. Der eine mag bunt gestrichene Kreise aus Holzresten, der andere Dekokugeln für den Garten ... Was gefällt, ist erlaubt.

Für den Kompostbehälter habe ich etwa 50 Euro ausgegeben. Dafür ist aus einer unansehnlichen Ecke im Garten ein kleines Kunstwerk geworden. Probieren Sie es aus, nicht nur Ihr Nachbar wird Augen machen!

Und noch eine alte Gartenregel zum Thema Kompost: „Zeige mir deinen Komposthaufen und ich zeige dir, ob du ein guter Gärtner bist."

FRÜHBEETKASTEN
schon im Herbst anlegen

Mist vom Bauern ist ein guter biologischer Dünger für den Garten. Vor dem Winter können wir ihn als Nährstoffreserve bestens in den Boden einarbeiten. Mist kommt jedoch auch in meinen Frühbeetkasten.

Ich bereite ihn immer im Herbst vor. Im Frühjahr würde das bei langen Frösten manchmal schwierig. Dann ist es bereits Zeit, etwas auszusäen. Ich komme aber noch nicht tief genug in den Boden, um das Beet richtig anzulegen. Deshalb ist bei mir im Frühling schon alles fertig.

Zuerst muss ich buddeln. 50 bis 60 Zentimeter tief sollte der Kasten ausgehoben werden. Dabei achte ich darauf, dass er sich nach Süden öffnen lässt. So bekommen die Pflanzen im Frühjahr die meiste Sonnenenergie.

▼ Ein Erdloch gräbt sich im Herbst viel leichter als im Frühjahr, kann doch in der frühen Jahreszeit noch der Frost im Boden sein.

Als unterste Schicht fülle ich 20 Zentimeter Mist in die Grube. Weil ich den Kasten bereits im Herbst errichte, kann ich auf frischen zurückgreifen. Der kann in Ruhe über den Winter verrotten und dann seine Nähstoffe abgeben. Finge ich erst im Frühjahr an, gäbe es ein Problem: Die meisten Pflanzen vertragen keinen frischen Mist. Er ist zu aggressiv für die jungen Gewächse.

Die zweite wichtige Zutat für das Frühbeet ist Humus. Den liefert uns der reife Komposthaufen. Mein Frühbeetkasten misst etwa 1 mal 1,5 Meter. Für diese Größe nehme ich eine Karre Mist und eine Karre Kompost. Beim Mischen brauche ich nicht viel Heckmeck zu machen. Ich kippe den Kompost über den gewachsenen Boden, den ich ausgehoben habe. Beim Zurückschaufeln mischt sich alles wie von selbst. Füllen Sie das Frühbeet aber nicht zu hoch! 15 bis 20 Zentimeter unterhalb der Kante sollte Schluss sein.

Mist und Kompost liefern schon fast alle nötigen Nährstoffe. Im Frühjahr werde ich noch einmal mit einer selbst gemachten Pflanzenjauche nachdüngen.

▶ Als unterste Lage nehmen Sie am besten gut abgelagerten Mist – vom Bauern des Vertrauens.

▶ Der Bodenverbesserung dient Kompost.

Tipp: Kommt es im Frühjahr zu späten Frösten, dann nachts eine kleine Kerze in das Frühbeet stellen. Sie verbreitet genügend schützende Wärme.

Die letzte Zutat für mein Frühbeet ist eine schöne warme Decke für den Winter. Dafür eignen sich alte Blätter sehr gut. Die Laubschicht sorgt dafür, dass die Feuchtigkeit besser im Kasten gehalten wird und Kleinstlebewesen länger aktiv sein können. Außerdem verhindern die Blätter, dass gleich wieder Unkraut im frisch vorbereiteten Boden entsteht.

Im Frühjahr muss ich das Laub natürlich wieder entfernen – und kann dann sehen, wie wunderbar frostfrei der Kasten ist. Die Blätter schmeiße ich nicht

▲ Laub schützt vor
Unkraut und Frost, so
dass ich mit dem Früh-
beetfenster noch et-
was warten kann.

weg. Ich verteile sie um den Kasten, denn sie bieten eine vorzügliche Isolierung gegen kalten Wind. Damit ist mein Frühbeetkasten weiterhin gut geschützt. Man sieht immer wieder, dass in den Gärten Frühbeetfenster bereits im Herbst auf den Kästen liegen. Nichts gegen gute Vorbereitung: Aber so wird der Regen abgehalten. Der Boden braucht jedoch unbedingt die Feuchtigkeit, um nicht auszutrocknen. Mein Frühbeetfenster stelle ich deshalb erst einmal an einen Ort ab, wo es vor den Herbststürmen sicher ist.

EIN TOPF FÜR HERBST UND FRÜHLING

Der Herbst begeistert mich immer wieder mit seinen tollen Farben, bei der vergehenden Sommerbepflanzung auf Balkon und Terrasse zeigt er sich hingegen eher welk und verblüht. Neues muss her! Dabei denke ich auch schon an den Frühling. Deshalb bepflanze ich jetzt sowohl meinen letzten als auch den ersten Kübel – in einem Arbeitsgang.

Selbst im Herbst können wir noch aus dem Vollen schöpfen. Die Pflanzenauswahl ist riesig, knallbunt, mit wunderschön gefärbten Blättern. Doch die Farbenpracht darf nicht darüber hinwegtäuschen, dass auch sie schon bald Vergangenheit sein wird.

Mein neuer Kübel wird einer für zwei Jahreszeiten: Herbst und Frühling. Der Winter vergeht, im neuen Jahr habe ich möglicherweise die Pflanzung schon vergessen – und plötzlich blüht es auf der Terrasse.

Für dieses Langzeitprojekt sollten wir gutes Material einsetzen. Jetzt, wo es wieder feuchter wird, ist eine wirksame Drainage wichtig. Eine Schicht Blähton schützt vor Staunässe.

Ich nehme immer frisches Substrat. Düngen muss ich jedoch nicht mehr, denn die Pflanzen für den Herbst benötigen kaum noch Nährstoffe. Das Wachstum ist so gut wie abgeschlossen. Und für den ersten Schub der Frühblüher reicht es allemal. Deren Zwiebeln haben in ihrem Inneren die Kraft der Frühlingssonne gespeichert.

Beim Bepflanzen des Kübels geht es mit dem Frühjahr los. Die höher wachsenden Frühblüher kommen als unterste Lage in den Topf – Osterglocken, Tulpen,

▼ Gutes Substrat und eine Drainage gehören unbedingt in den Kübel.

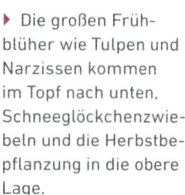

▶ Die großen Früh-
blüher wie Tulpen und
Narzissen kommen
im Topf nach unten,
Schneeglöckchenzwie-
beln und die Herbstbe-
pflanzung in die obere
Lage.

Narzissen. Ich bedecke sie mit Erde, dann folgt die nächste Lage. Diese besteht
aus der Herbstbepflanzung – Gräser, Heide, Fette Henne, vielleicht etwas Hohes,
Leuchtendes wie Physalis. Wichtig ist, dass wir die Wurzelballen der Herbstbepflanzung gut auflockern, so wachsen sie besser an und auch die Frühblüher
haben es dann im kommenden Jahr leichter. Die Lücken fülle ich mit Erde. Dazwischen stecke ich kleine Frühblüher wie Perlhyazinthen oder Krokusse. Sie
müssen auf jeden Fall im oberen Bereich eingepflanzt werden, sonst würde es
im Frühjahr viel zu lange dauern, bis sie sich von unten hochgekämpft hätten.

Ein schöner, schwerer Tonkübel ist ideal für zwei Jahreszeiten. Feuchtigkeit
wird langsam aufgenommen und wieder abgegeben. Wenn die Sonne scheint,
wird der Ton nur langsam warm, speichert die Energie und hält sie auch über
die Nacht. Bei einem Plastikkasten ist das anders. Gerade bei den neuen Trend-

◀ Der Herbst hat noch viel Schönes zu bieten – knallige Farben und ausgefallene Formen.

farben schwarz und grau. Solche Gefäße werden schnell heiß, kühlen aber auch sehr rasch wieder aus. Das ist für die eingepflanzten Zwiebeln nicht gut. Deswegen sollten Sie derartige Behältnisse im Winter einpacken. Gleiches gilt für Balkonkästen – ein bisschen Noppenfolie herumgelegt … fertig! Ist es ein sichtbarer Kasten, können Sie Dekowolle, Jute, Bastmatten oder ganz einfach Tannenzweige verwenden, das reicht schon als Schutz.

Wenn die Herbstbepflanzung verblüht ist, lasse ich den Kübel trotzdem draußen stehen. Die Frühblüher brauchen die Kälteperiode. Eine wind- und regengeschützte Ecke an der Hauswand ist ideal, nur bei harten Frösten decke ich den Kübel etwas ab.

Bio - Chemie
war gestern

DER GARTENPLAN

Wer einen Garten hat, sollte auch einen Plan haben. Einfach den Gartengrund-
riss aufzeichnen und die Kulturen eintragen – jedes Jahr. So können wir genau
nachvollziehen, was in der letzten und vorletzten Saison wo gewachsen ist.
Es kann nämlich passieren, dass manche Pflanzen nicht mehr richtig gedeihen wollen, weil sie immer wieder an der gleichen Stelle stehen. Eine durch-
dachte Fruchtfolge ist wichtig für den Boden. Unsere Kulturen sollten regelmäßig im Garten umziehen. Faustregel: Pflanzen dürfen frühestens nach vier
Jahren wieder am gleichen Ort stehen.

◄▼ Bei der Garten-
planung hilft es, die
Fruchtfolge im Auge
zu behalten.

Schon die alten Römer erkannten den
Sinn der Fruchtfolge und führten die
Zweifelderwirtschaft ein. Daraus wurde
die Drei - und später die heutige Vierfelderwirtschaft. Ein Rotationsprinzip.
Drei Jahre Anbau, ein Jahr Regeneration
für den Boden. Jede Pflanzengruppe
zieht im Garten jährlich ein Beet weiter.

Im ersten Jahr wird Gründüngung ausgesät: Phacelia, Buchweizen, Lupine
oder Gelbsenf, im zweiten Schwachzeh-

Gründüngung für das Beet
Phacelia, Buchweizen, Gelbsenf

Starkzehrer
Kartoffel, Kohl, Kürbis, Gurke,
Lauch, Tomate

Schwachzehrer
Erbsen, Bohnen, Radieschen, Spinat

Mittelzehrer
Möhren, Mais, Zwiebel, Kopfsalat, Kohlrabi

rer wie Radieschen, Feldsalat oder Spinat. Sie lassen noch viele Nährstoffe im Boden.

Im dritten Jahr sind die Mittelzehrer an der Reihe – wie Mais, Möhre, Fenchel, Zwiebel, Kopfsalat oder Kohlrabi.

Im vierten Jahr beschließen die Starkzehrer den Kreislauf, etwa Tomate, Zucchini, Lauch, Kohl, Kürbis, Gurke oder Kartoffeln.

Danach ist der Boden ausgelaugt und bekommt wieder ein Jahr Pause mit Gründüngung. So können wir immer 75 Prozent des Gartens aktiv und sinnvoll bewirtschaften.

Diese Vorgehensweise hat außerdem den Vorteil, dass sich Pflanzenkrankheiten und Schädlinge nicht so stark ausbreiten. Erreger wie die der Kohlhernie bleiben im Boden. Wenn im nächsten Jahr jedoch kein Kohl auf der Parzelle wächst, verhungern sie und sterben ab. Ähnlich ist es bei Schädlingen wie Wurzelnematoden oder der Gemüsefliege. Auch ihre Eier und Puppen überwintern im Boden – und auch sie werden durch die Fruchtfolge und daraus folgende „Hungerperioden" dezimiert.

Damit das funktioniert, müssen wir aber auch auf die Pflanzenfamilien achten. Wenn nacheinander Kulturen aus der gleichen Familie angebaut werden, können sich Krankheiten und Schädlinge natürlich erhalten. Ein Beispiel: Wir nehmen den Gelbsenf als Gründünger, als Schwachzehrer Radieschen, als Mittelzehrer Kohlrabi und als Starkzehrer Blumenkohl. Alle Pflanzen gehören zu den Kreuzblütlern. Schädlinge und Krankheiten werden demnach höchstwahrscheinlich überleben. Deshalb sollte Gemüse der gleichen Pflanzenfamilie nicht in einer Fruchtfolge angebaut werden.

◀ Vierfelderwirtschaft muss geplant sein.

Tipp: Ich mache meinen Gartenplan möglichst nicht auf einem Zettel. So ein einzelnes Blatt Papier verschwindet schnell. Deshalb habe ich ein kleines Buch, in das ich alles eintrage, was für meinen Garten wichtig ist.

Pflanzenfamilien der am meisten angebauten Gemüsearten

Gemüsearten der gleichen Familie sollten Sie nicht in Mischkultur oder als Fruchtfolge anbauen.

Pflanzenfamilie	Gemüsesorten
Doldenblütler	Möhre, Pastinake, Sellerie, Petersilie, Dill, Fenchel, Kerbel, Kümmel
Gänsefußgewächse	Spinat, Mangold, Gartenmelde, Rote Beete
Hülsenfrüchtler (Schmetterlingsblütler)	Erbse, Bohne *Gründüngung: Lupine, Wicke, Klee, Luzerne, Seradella*
Korbblütler	Schwarzwurzel, Endivie, Kopfsalat, Pflücksalat, Schnittsalat, Löwenzahn, Artischocke, Chicorée *Gründüngung: Sonnenblume*
Kreuzblütler	alle Kohlsorten, Kohlrübe, Marktstammkohl, Stielmus, Speiserübe, Radieschen, Rettich, Meerrettich, Gartenkresse *Gründüngung: Raps, Gelbsenf, Ölrettich*
Knöterichgewächse	Rhabarber, Sauerampfer *Gründüngung: Buchweizen, Malve*
Kürbisgewächse	Gurke, Zucchini, Kürbis, Melone
Liliengewächse	Spargel, Zwiebel, Porree, Knoblauch, Schnittlauch
Lippenblütler	Thymian, Majoran, Salbei, Basilikum, Bohnenkraut
Nachtschattengewächse	Kartoffel, Tomate, Pepino, Aubergine, Paprika

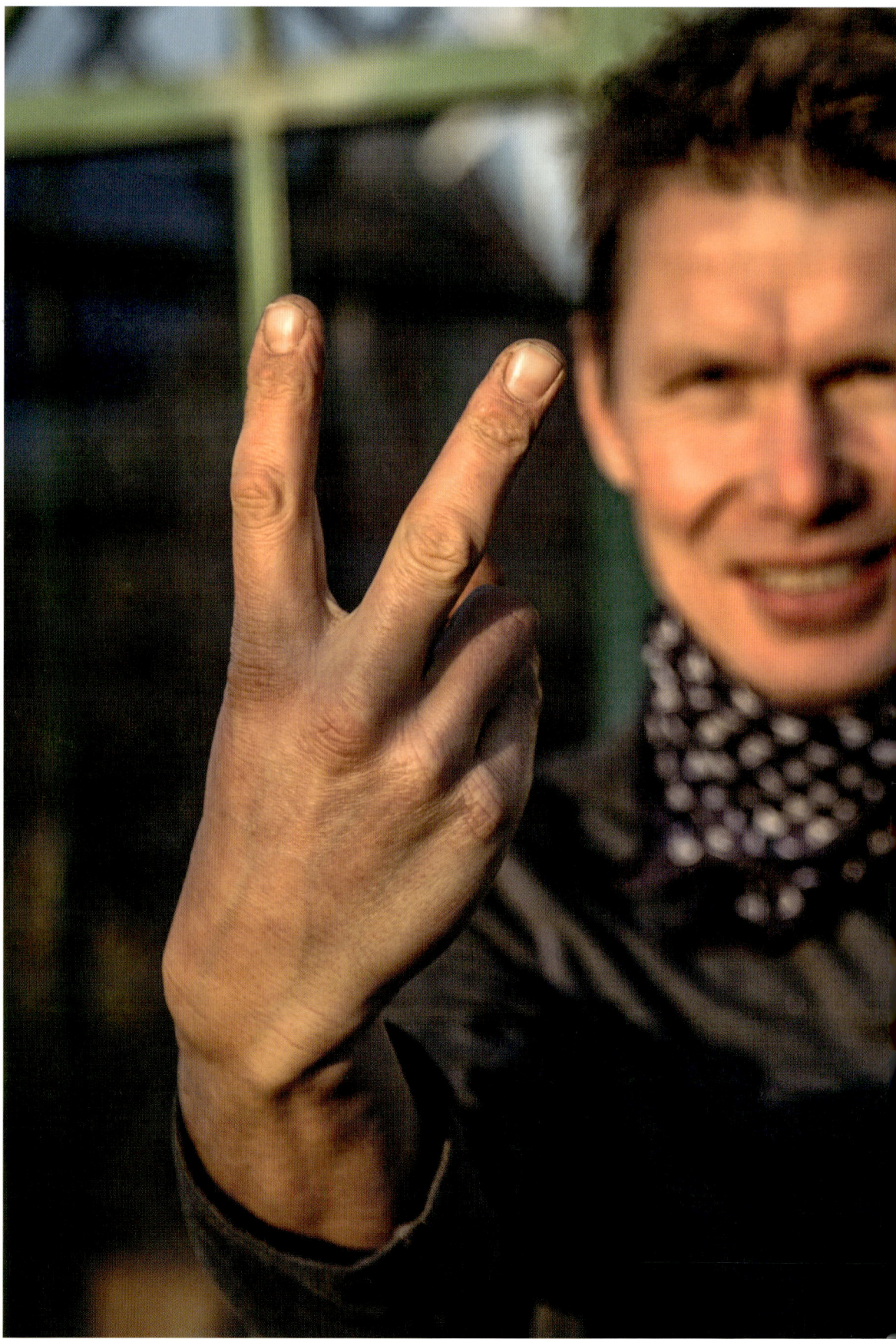

Rasche Gartenregel Nr. 2

Wo nichts wächst, wächst Unkraut!

Der sprichwörtliche Deutsche liebt es ja, wenn es sauber und ordentlich
ist. Der deutsche Kleingärtner noch viel mehr. Beete sollen aus
seiner Sicht geharkt und möglichst unkrautfrei sein. Gerade unter
Sträuchern und Büschen kann das allerdings schnell zu einer sehr müh-
samen Arbeit werden. Deshalb empfehle ich: Pflanzen oder säen Sie hier
Bodendecker. Dann sieht es mit wenig Aufwand immer gleichmäßig
schön und ordentlich aus. Selbst in Pflasterfugen können wir kleine,
hitzebeständige und trittfeste Kräuter aussäen. Wenn diese einmal die
Fuge übernommen haben, sind Löwenzahn und Gras chancenlos ...

GRÜNDÜNGUNG

Gründüngung spielt nicht nur in der Fruchtfolge eine Rolle. Wir können sie auch im Spätsommer oder Herbst als Zwischenkultur anlegen.

Im Garten wird Beet für Beet abgeerntet. So entsteht eine Menge Platz, den wir noch bis zum Winter nutzen sollten. Wenn wir jetzt Gründüngung aussäen, ist das in mehrfacher Hinsicht gut: Sie verbessert die Krümelstruktur des Bodens, die Pflanzen schützen die Erde vor dem Austrocknen wie auch vor starken Niederschlägen, die Nährstoffe auswaschen, Unkraut breitet sich nicht so schnell aus und die Mikroorganismen im Boden werden aktiviert. Außerdem bekommt unser Beet wertvolle Nährstoffe hinzu, wenn wir das Grünzeug am Ende der Gartensaison in die Erde einarbeiten.

▼ Sobald ein Beet abgeerntet ist, geht es bei mir gleich weiter – um Erosion zu vermeiden, sollte immer etwas wachsen.

Die bekanntesten Pflanzen für die Gründüngung sind Gelbsenf, Lupine und Phacelia. Aber auch Wicke, Erbse oder Klee sind passende Gewächse. Es ist erstaunlich, wie effektiv diese jetzt noch durch Photosynthese Blattmasse entwickeln. Bei Phacelia zum Beispiel reichen 150 Gramm Samen für 100 Quadratmeter. Daraus können sich dann 300 bis 500 Kilogramm Grünmasse entwickeln. Wenn wir die einarbeiten, kommt etwa ein Kilo Stickstoff in den Boden. Das sind beachtliche Nährstoffreserven für Folgekulturen.

Um die Nährstoffe freizugeben, sollten sich die Pflanzenreste möglichst schnell zersetzen. Kleine Pflanzen bis zehn Zentimeter können wir einfach mit der Winterfurche untergraben. Ist der grüne Teppich höher und sind die Gewächse bereits kräftiger, häckseln wir sie vorher am besten. Man kann allerdings auch den ersten Frost abwarten. Dann sterben die Pflanzen meist ohnehin ab, lassen sich leichter einarbeiten und setzen die Nährstoffe schneller frei.

Das Aussäen der Gründüngung ist einfach: den Boden durchgrubbern, Unkraut entfernen, breit aussäen und das Saatgut einharken. An trockenen Tagen ist es ratsam, etwas anzugießen.

▶ Ohne Gründüngung machen sich Wildkräuter breit und verteilen ihre Saat im ganzen Garten ...

▶ ... Ein schöner Phacelia-Teppich schützt davor.

Bei einigen Pflanzen ist es wichtig, dass die Wurzeln bei der Ernte im Boden bleiben. Die sogenannten Leguminosen wie Wicke, Erbse, Bohne, Lupine und Klee leben in Symbiose mit Bodenbakterien und bilden Wurzelknöllchen, in denen sie Stickstoff sammeln. Diese Nährstoffdepots sind wertvoll. Deshalb schneiden wir die Pflanzen nur oberirdisch ab – die Wurzeln bleiben im Boden.

◀ An dieser Bohnenpflanze sind die Stickstoffknöllchen gut zu sehen.

◀ Pflanzen wie Bohne, Erbse oder Wicke sollten nur beschnitten werden, die Wurzeln bleiben im Boden.

BIO-DÜNGER

Eine alte Gärtnerweisheit sagt: „Regen ist Silber, aber Dünger ist Gold." Das ist zweifellos richtig. Es kommt allerdings darauf an, welches „Gold" da in den Boden kommt.

Ich habe meinen Garten zu einer „Zone ohne Kunstdünger" erklärt. Chemie brauche ich hier nicht. Das Zeug ist ungesund – gerade im Gemüsegarten sollten wir darauf verzichten. Aber es gibt noch viele andere gute Gründe, keinen Kunstdünger zu verwenden.

Kunstdünger ist wie Doping für die Pflanzen. Das Gemüse wächst sehr schnell, ist dadurch jedoch weich, anfällig für Schädlinge und geschmacklich auch nicht beglückend. Weil es sehr weich ist, lässt es sich zudem nicht gut lagern. Das Gemüse verdirbt sehr schnell. Auch die Ökobilanz fällt – wenig überraschend – negativ aus. Um ein Kilo Kunstdünger zu produzieren, werden etwa zwei Liter Öl verbraucht.

▼ Auf Kunstdünger zu verzichten, ist überhaupt kein Problem.

Heute gibt es viele Möglichkeiten, im Garten biologisch zu düngen. Am besten ist es natürlich, wenn wir unseren Dünger selbst produzieren. Damit können wir schon im Frühling anfangen, sobald Brennnesseln und Ackerschachtelhalm austreiben. Eine Jauche daraus ist schnell hergestellt – dazu gleich mehr. Wem das zu sehr stinkt, der kann auch fertige Pflanzenextrakte kaufen. Die sind einfach anzumischen, gut wirksam, riechen nicht aufdringlich und passen wirklich wunderbar in unseren biologischen Garten. Pflanzenextrakte oder -jauchen stellen einen schonenden Dünger dar und machen die Gewächse widerstandsfähig gegen Schädlinge wie Blattläuse, Spinnmilben und Raupen. Denn die machen sich besonders gern über geschwächte Pflanzen her.

Wenn man es mit dem Kunstdünger übertreibt, kann schnell ein Nitratüberschuss im Boden entstehen. Isst man das Gemüse

dann, können sich im Körper schädliche Nitrite oder Nitrosamine bilden. Diese stehen sogar im Verdacht, krebserregend zu sein. Das heißt: Ihr Salat beispielsweise ist dann gar nicht mehr so gesund, wie sie denken. Deshalb lieber auf rein pflanzliche Dünge-Pellets zurückgreifen. Wer darauf Wert legt, bekommt sie sogar vegan.

Und was bietet sich bei Tomaten an? In den meisten Gärten stehen sie auf Mist. Aber es gibt natürlich auch andere Möglichkeiten. Schafwolle eignet sich wunderbar als Langzeitdünger. Die ist leicht beim Schäfer zu beschaffen und wird beim Pflanzen mit eingegraben. Die Wolle zersetzt sich langsam und gibt das ganze Jahr einen vorzüglichen Dünger ab.

Auch Kaffeesatz macht sich gut als kostenloser Zusatzdünger. Morgens den Kaffeegrund nicht einfach weggießen, sondern ins Tomatenbeet befördern.

Fisch oder Fischreste sind gleichfalls ein prima Dünger. Bevor Kunstdünger den Markt überschwemmte, war es in den Küstenregionen normal, Fischabfälle aufs Feld zu bringen. Fisch enthält Spurenelemente wie Magnesium, Phosphor und Zink. Die Fischreste werden einfach 10 Zentimeter unter der Tomate eingegraben. Bis deren Wurzeln dort ankommen, ist der Fisch verrottet und ein idealer Dünger.

▸ Er ist ein traditioneller Bio-Dünger: der Hering.

Auch im Kräuterbeet verzichte ich auf Chemie. Da, wo wir fast täglich etwas für unser Essen abschneiden, hat Kunstdünger nichts verloren. Pflanzen Sie Ihre Kräuter aber nicht in normale Blumenerde! Die enthält gleichfalls viel künstlichen Dünger. Im Fachhandel gibt es gute biologische Dünger auf Zuckerrüben-Basis.

▸ Seite 85: Umweltfreundliche Düngemittel gibt es zahlreiche.

Wenn Sie Schokolade mögen, werden Sie meinen nächsten Vorschlag lieben: einen Dünger, der aus den Schalen von Kakaobohnen hergestellt wird, einem Abfallprodukt der Schokoladenindustrie. Es gibt ihn als Granulat und in flüssiger Form. Der Kakao-Dünger hat ungewöhnlich viele Spurenelemente, zum Beispiel Kalium, Kalzium, Magnesium, Eisen, Mangan, Kupfer und Zink. Ein schöner Nebeneffekt: Wenn wir ihn im Garten ausbringen, verströmt er einen Geruch wie den in einer Schokoladenfabrik. Die Schalen der Kakaobohnen kann man auch in großen Säcken kaufen und in den Boden einarbeiten oder zum Mulchen benutzen.

Sinnvoll ist gleichfalls homöopathische Notfallmedizin für Pflanzen. Wenn die Blumen mal die Ohren hängen lassen, können ein paar Tropfen im Gießwasser bereits Wunder wirken und Wurzeln wie auch Widerstandskraft stärken.

Eine Packung Notfalltropfen – erhältlich im Fachhandel – kostet zwischen drei und vier Euro. Sie eignen sich aufgrund ihres Preises vielleicht nicht für die Rasenfläche oder den großen Gemüsegarten. Aber wenn ich eine Zimmerpflanze habe, die mir sehr am Herzen liegt, würde ich es mit ihnen durchaus einmal ausprobieren.

PFLANZENJAUCHE

Kostenlos, einfach herzustellen, wirkungsvoll und ökologisch – vier Stichworte, die für Pflanzenjauche stehen und die belegen, warum sie für den Garten derart attraktiv ist. Sie enthält viel Stickstoff und Kalium und bietet damit für fast alle Pflanzen eine gute Stärkung. Ausgleichend wirkt sie und heilend, fördert die Chlorophylbildung. Und

es ist bezeichnend, dass Regenwürmer Böden lieben, die mit Pflanzenjauche gedüngt wurden.

Die einzigen Pflanzen, die solch eine stickstoffreiche Nahrungsergänzung nicht mögen, sind Erbsen, Möhren, Knoblauch und Zwiebeln.

Jauche kann ich sehr gut aus den Gewächsen gewinnen, die ich im Garten eigentlich nicht haben will. Aber ich lasse sie bei mir auf dem Grundstück bewusst wachsen, allerdings etwas abseits. Brennnessel, Schachtelhalm, Giersch, Kamille oder Löwenzahn, aber auch Knoblauch und Zwiebel eignen sich, um eine Pflanzenjauche anzusetzen.

Für die Herstellung brauche ich etwa ein Kilo Grünzeug auf zehn Liter Wasser. Das Frühjahr ist die beste Zeit, um eine Jauche zu produzieren, denn die Pflanzen, die wir verwenden, sollten noch keine Samen tragen. Die kleingeschnittenen Pflanzen werden eingeweicht. Dafür sollte man möglichst Regenwasser verwenden. Wenn Sie nur Leitungswasser haben, dann dieses ein paar Tage in der Sonne stehen lassen. Zum Ansetzen nehmen Sie am besten eine Gefäß aus Plastik,

🔺 Kräuter für die Jauche sollten Sie immer vor der Blüte ernten …

Ton oder Holz – bitte keine Metallbehälter. Metall führt bei der Gärung zu ungünstigen chemischen Reaktionen. Füllen Sie den Behälter nur zu ¾, denn die Pflanzenbrühe schäumt manchmal sehr stark.

Je nach Witterung muss das Gemisch eineinhalb bis drei Wochen stehen. Einmal pro Tag heißt es: Wäscheklammer auf die Nase und Luft anhalten. Die Jauche muss alle 24 Stunden gut durchgerührt werden, denn Sauerstoff fördert die Umsetzung des Pflanzenmaterials. Wenn angesetzte Jauche nicht mehr schäumt, ist sie fertig.

Die Pflanzenbrühe stinkt. Wenn Sie von Anfang an Steinmehl unterrühren, bindet dies unangenehme Gerüche. Aus der fertigen Brühe werden nun die festen Bestandteile ausgesiebt. Zur Anwendung verdünnen wir schließlich die Jau-

◀ … am besten
mit Regenwasser
ansetzen …

◀ … und täglich um-
rühren. Wenn's nicht
mehr schäumt, ist die
Jauche fertig!

che mit Wasser im Verhältnis 1:10, bei empfindlichen Gewächsen 1:20. Gießen Sie sie möglichst nicht über die Blätter, sondern besser auf den Wurzelbereich.

Die fertige Brühe können wir in einem fest verschlossenen Gefäß aufbewahren und bis in den Herbst hinein zum Düngen im Garten nutzen. Was Sie nicht verbrauchen, kann als guter Aktivator für den Komposthaufen eingesetzt werden – am besten auch hier mit etwas Steinmehl versetzt, damit es nicht so stinkt.

BIOLOGISCHE SCHÄDLINGSABWEHR

Früher hat man bei der Schädlingsabwehr fast nur Chemie eingesetzt und sogar vorbeugend gespritzt. Das machen viele konventionelle Landwirte leider auch heute noch. Aber im Garten sind diese Zeiten zum Glück vorbei. Und es gibt eine Menge biologischer Mittel.

Nicht neu, aber effektiv zum Schutz der Obstbäume sind Leimringe. Auch hier gibt es ökologisch unbedenkliche Varianten. Die einfachste Lösung sind fertige Papierstreifen mit Leim, die mit einem kleinen Draht um den Stamm gebunden werden – ein Hindernis, das für Ameisen, Frostspanner oder andere Insekten nur schwer zu überwinden ist. Bei jungen Obstbäumen, die noch durch einen Pfahl gestützt werden, dürfen wir nicht vergessen, auch auch an diesem einen Leimring anzubringen. Sonst nehmen die kleinen Krabbler die Umgehungsstraße.

▼ Leimringe sind ein einfacher und sehr wirksamer Schutz gegen Schädlinge.

Bei alten Bäumen mit rauer oder rissiger Rinde sind die Papierringe unwirksam, weil die Insekten unter ihnen hindurchschlüpfen. Hier ist es besser, Insektenleim aus der Tube oder der Dose auf den Stamm zu streichen. Achten Sie auch hier auf biologische Mittel.

Ebenfalls sehr effektiv sind Lockstofffallen – meist eine Kombination aus einer für Insekten unwiderstehlichen Lockstoffkapsel oder -tablette und einer Leimfalle. Beispiele sind die Gelbfalle gegen die Kirschfruchtfliege, es gibt ähnliches für Obstmaden und Apfelwickler oder für die Miniermotte, die so gefährlich ist für unsere Kastanien.

Empfehlenswert sind aber auch ein paar Hausmittel. Wermut- oder Rainfarn-Tee können wir als biologisches Mittel spritzen. Es ist kein Gift für die Tiere. Der strenge Geruch irritiert jedoch die Kirschfruchtfliege oder den Apfelwickler bei der Eiablage und vertreibt sie aus dem Garten. Auch bei Ameisen, Blattläusen und Erdflöhen hat sich der Wermut-Tee bewährt.

▲ Vom biologischen Insektenleim bis zum Wermut-Tee reichen die Möglichkeiten umweltschonender Schädlingsbekämpfung.

Die Blattläuse kehren jedes Jahr wieder. Die Ameisen freut es, weil damit ihre Melkkühe auf der Weide „stehen". Wenn die Läuse massenweise auftreten, saugen sie unseren Pflanzen aber den Lebenssaft aus. Die meisten kennen den Trick mit Spülmittel – aber auch das ist Chemie. Dabei geht es ohne großen Aufwand rein biologisch: Die Schale der Waschnuss hat eine schädlingsbekämpfende Wirkung. Sie enthält Saponin, eine natürliche, seifenähnliche Substanz. In Asien wird diese Nuss deshalb seit Jahrhunderten zum Wäschewaschen und zur Körperpflege benutzt.

Ich habe bei meinen Zimmer- oder Gartenpflanzen mit einem Waschnuss-Sud gute Erfahrungen gemacht. Dafür koche ich zehn Nüsse in einem Liter Wasser aus. Den abgekühlten Sud sprühe ich auf die befallenen Blätter. Meist reicht eine Behandlung. Sind die Läuse sehr hartnäckig, wiederhole ich das Ganze nach ein paar Tagen.

Ein Blattlausmittel, das günstig, natürlich, ungiftig (gerade in Haushalten mit Kindern wichtig) und geruchlos ist: Waschnüsse gibt es in guten Drogeriemärkten und im Bioladen oder man bestellt sie im Internet.

Knoblauch soll nicht nur Vampire abwehren, sondern auch Schädlinge und Pilze. Letzteres zumindest ist erwiesen. Schneiden Sie die Knoblauchzehen klein und setzen Sie damit eine Pflanzenbrühe an. Für den Knoblauchsud verwende ich

◀ Blattläuse sind ungebetene Gäste, auch wenn es den Ameisen gefällt.

◀ Waschnuss-Sud gegen beißende und saugende Insekten, Milch gegen Mehltau – diese Schädlingsbekämpfungsmittel sind „voll Bio".

▶ Riecht streng, hilft aber – der Knoblauch-sud ist eher etwas für den Außen-Einsatz.

Tipp: Bei Schne-ckenplage einfach ein feuchtes Brett in das Beet legen. Tagsüber suchen die Schnecken einen dunklen, feuchten Ort und verstecken sich dort. So können sie leicht eingesam-melt werden.

50 Gramm auf einen Liter Wasser. Die Mischung lasse ich zehn Tage ziehen, danach gieße ich den Sud durch ein Sieb und verdünne ihn 1:10 mit Wasser. Das Wichtige bei unserer Spritzbrühe ist, dass wir sie möglichst vorbeugend einsetzen.

Echter Mehltau kommt überwiegend an Rosen und anderen Zierpflanzen wie Be-gonien oder Astern vor, aber ebenfalls an Stachelbeeren, Apfelbäumen, Schwarzwurzeln, Gewächshausgurken und Karotten. Man erkennt ihn an einem weißen, mehligen Belag auf der Oberseite der Blätter. Auch an Knospen und Blüten kann diese Pilzerkrankung auftreten. Bei starkem Befall sterben die Blätter der Pflanze ab.

Den Falschen Mehltau findet man im Gegensatz zum Echten auf der Blattunterseite.

Auch gegen diesen Schädling gibt es eine die Umwelt schonende Hilfe – die allerdings noch nicht lange bekannt ist. Manchmal hat man die Problemlösung direkt vor der Nase, kommt nur nicht darauf. Vor ein paar Jahren haben australische Forscher die Milch als Mittel gegen den Echten Mehltau entdeckt. In ihr befindliche Mikroorganismen zerstören den Pilz. Das enthaltene Natriumphosphat stärkt zudem die Abwehrkräfte der Pflanze und beugt somit einer erneuten Erkrankung vor.

So sieht echter Mehltau aus

Zweimal wöchentlich muss man ein Gemisch von Milch und Wasser im Verhältnis 1:9 herstellen und die befallenen Gewächse damit gründlich einsprühen. Diese Methode ist inzwischen erprobt. Man hat sogar herausgefunden, dass Milch oft wirksamer ist, als es handelsübliche Fungizide sind. Die chemische Keule ist also auch in diesem Punkt einem einfachen und preiswerten biologischen Mittel unterlegen.

Allerdings sollten sie möglichst frische Milch verwenden. Denn die Mikroorganismen machen ja die Arbeit – sie sollten folglich in der Milch noch am Leben sein. Am besten ist Rohmilch direkt vom Bauern.

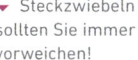

Steckzwiebeln sollten Sie immer vorweichen!

Vögel sind nicht nur nach einem langen, harten Winter froh über ein paar nahrhafte Körner. Sie mögen ihren Teil haben – man sollte auch gönnen können. Es muss jedoch nicht unbedingt die frische Saat aus unseren Beeten sein.

Manchmal werden die gefiederten Gartenbewohner allerdings zu Unrecht verdächtigt. Steckzwiebeln und Knoblauch können im Frühjahr in die Erde – aber richtig. Legen Sie Ihre Steckzwiebeln vor dem Pflanzen einen Tag in Wasser. Wenn sie nämlich trocken in den feuchten Boden kommen, quel-

len sie auf und drücken sich nach oben aus der Erde. Oft hört man bei solch einem Anblick: „Die Vögel haben mir wieder alle Zwiebeln herausgepickt ..." – dabei waren sie gar nicht schuld.

Beim kleinen Saatgut kann das schon eher sein. Erbsen oder Sonnenblumenkerne lassen sie sich gern schmecken, wenn sich die Gelegenheit bietet.

Die beste Vogelscheuche bin natürlich ich selbst. Das hat nichts mit meinem Aussehen zu tun. Aber wenn ich den ganzen Tag im Garten arbeite, werden sich die Vögel nicht so schnell ans frische Beet trauen.

Als Ersatz für mich geht auch der gute, alte Strohmann. Der bekommt meine abgetragene Gartenkluft aus dem vergangenen Jahr übergezogen. Sein Skelett ist ein einfaches Gerüst aus ein paar Dachlatten – und wenn wir ihn schön mit Heu und Stroh ausstopfen, finden in ihm sogar noch ein paar Nützlinge Unterschlupf. Zum Beispiel der Ohrwurm – der kleine Räuber frisst gern Blattläuse. Eine Vogelscheuche zu basteln, ist übrigens eine schöne Aktion gemeinsam mit den Kindern oder Enkeln. Die werden sich bei jedem Besuch im Garten über den Strohmann freuen.

Wenn ein Jackenärmel, Schal oder ein Tuch im Wind weht oder irgendetwas herumflattert, erhöht das die Wirkung. Viele Vogelarten nehmen vollkommen unbewegliche Objekte nämlich nur bedingt wahr.

Auch die im Handel angebotenen Vogelattrappen sind recht wirkungsvoll. Wenn der schwarze Plastikrabe im Beet sitzt, trauen sich die kleinen Vögel in der Regel nicht mehr heran.

Tipp: Säen Sie rund um den Salat ein paar Ringelblumen. Sie bieten einen natürlichen Schutz gegen Schnecken.

▶ Wer ist der Nordmagazin-Gärtner?

Ziemlich neu auf dem Markt ist das sogenannte Habichtsauge. Im Fachhandel gibt es diese Art der Vogelscheuche in verschiedenen Formen, Sie können sie aber auch selbst basteln. Wir haben das grimmig guckende Raubvogel-Gesicht einfach auf ein Stück Sperrholz gemalt. Das hat eine gute Stunde gedauert, mehr nicht. Sie können es jedoch auch ausdrucken, laminieren und auf ein Brett tackern. Noch ein bisschen glitzerndes Schleifenband als Schwanzfederattrappe – und ab damit in den Baum. Aber so, dass es sich schön im Wind bewegen kann.

▶ Täuschung hilft gegen allzu Saatgutsüchtige Vögel. So sind die frischen Aussaaten sicherer.

EM IM GARTEN

Wer hier an Fußball denkt, liegt falsch. EM sind Effektive Mikroorganismen, die uns im Garten helfen. Vor über 30 Jahren begann der japanische Agrarwissenschaftler Prof. Teruo Higa mit seinen Forschungen zur Verbesserung der Bodenqualität mit Hilfe natürlicher Mikroorganismen. Er fand eine Mischung aus 13 verschiedenen Bakterienstämmen – Milchsäurebakterien, Hefen und Photosynthesebakterien. Sie sind in der Lage, ihre natürlich vorkommenden Artgenossen zu unterstützen.

Was können EM bei uns im Garten bewirken? Sie bringen das Bodenleben wieder in Schwung, helfen, organisches Material in Nährstoffe für die Pflanzen umzubauen, verbessern die Bodenstruktur, fördern die Wurzelbildung und erhöhen die Keimfähigkeit von Saatgut. Dadurch werden die Pflanzen robuster, blühen stärker, tragen mehr Früchte – und sie sollen sogar besser schmecken. Positiv wirkende Bakterien werden gefördert, schadhafte Keime und Pilze unterdrückt. Effektive Mikroorganismen kann man einfach auf den Boden gießen oder auf die Pflanzen sprühen. Auch die Qualität des Komposts können sie positiv beeinflussen. Ein Kollege von mir benutzt die EM bereits viele Jahre in seiner Gärtnerei. Seitdem kann er fast komplett auf Pflanzenschutzmittel verzichten.

Im Frühjahr gießen wir die EM einfach mit einer Gießkanne über unsere Beete oder den Rasen. Sie können einen fertigen Garten- und Bodenaktivator mit EM aus dem Handel benutzen oder selbst hergestellte EM-Lösungen. Pro Liter Wasser brauchen sie 20 Milliliter davon – also ein Schnapsglas voll. Diese Menge reicht für einen Quadratmeter. Wenn Sie also 500 Quadratmeter behandeln wollen, brauchen Sie gut zehn Liter EM. Auf diese Weise sollten Sie Ihren Garten vier- bis sechsmal – über das Jahr verteilt – behandeln.
   Um EM auszubringen, eignen sich am besten regnerische oder bedeckte Tage. Die Temperaturen sollten mindestens 6 bis 8 Grad Celsius betragen. Wenn Sie die Gießlösung in der

▼ Viermal im Jahr kommen bei mir EM auf die Beete.

Küche anrühren und es draußen noch kühl ist, bitte die Kanne vor dem Gießen in den Garten stellen, damit sich die Lösung an die Außentemperatur anpasst. Sonst erleiden die Mikroorganismen auf dem kalten Boden einen Schock. Am besten ist es natürlich, wenn Sie Wasser aus der Regentonne nehmen. Das hat dann ja schon die passende Außentemperatur.

EM eignen sich auch gut für Rosen, Rhododendren oder Tomaten. Werden diese besprüht, stärkt das die Pflanze, so dass zum Beispiel der Mehltau – eine für diese Gewächse typische Krankheit – viel schlechtere Chancen hat.

Wollen Sie die Effektiven Mikroorganismen selbst herstellen, brauchen Sie zuerst eine konzentrierte Bakterienmischung, die sogenannte Urlösung oder EM-1. Die können Sie im Fachhandel oder im Internet bestellen. Dazu kommen handwarmes Wasser (35–40 Grad) und Zuckerrohrmelasse als Nahrung – die Bak-

▼▶ Damit sich die kleinen Helfer ordentlich vermehren, kommt es auf die richtige Mischung an. Die zu finden, ist aber nicht so schwer. Im Grunde wollen die Mikroorganismen nur etwas Süßes und Wärme.

terien sollen sich ja fleißig vermehren. Das Mischungsverhältnis ist drei Teile EM-1, drei Teile Melasse und 100 Teile Wasser. Haben wir einen 10 Liter fassenden Behälter, nehmen wir also 300 ml Melasse und die entsprechende Menge EM-1 und füllen den Rest mit dem Wasser auf. Weil die Melasse sehr dickflüssig ist, empfiehlt es sich, sie vorher mit etwas Wasser anzurühren.

Ich benutze einen EM-Fermenter mit eingebautem Heizstab. Den stelle ich auf 34 Grad ein. Danach platziere ich den Behälter an einen warmen Ort, damit der Heizstab es auch schafft, die Temperatur zu halten. Wenn wir den Behälter ein bisschen zudecken, hat es die kleine Heizung noch einfacher. Man kann natürlich auch jedes andere luftdichte Gefäß verwenden, zum Beispiel einen Plastik-Kanister mit Gährdeckel oder Gährröhrchen. Wichtig ist, dass Sie es schaffen, die Temperatur bei etwa 34 Grad zu halten. Und noch etwas ist zu beachten: Das Gefäß darf nicht aus blankem Metall sein, das vertragen die Bakterien nicht!

Das Ganze muss sich nun sieben Tage entwickeln. Die EM-Lösung ist fertig, wenn sie leicht säuerlich riecht und einen ph-Wert von ca. 3,6 hat. Sie sollten Sie dann in kleine dunkle oder lichtundurchlässige Flaschen füllen und möglichst frisch verbrauchen.

Noch eine Randnotiz: Als wir anfingen, uns mit dem Thema zu beschäftigen, hat es uns überrascht, was man mit EM alles machen kann. Vom Garten über die Fellpflege für den Hund, die Tierhaltung, die Bekämpfung von Schimmel und unerwünschten Mikroben bis zur Ernährung und bei der Produktion von gesunden Baustoffen spielen sie ein Rolle. Mittlerweile gibt es viel gute Literatur dazu ...

SCHÄDLINGE DURCH EM VERMEIDEN

Schädlinge haben in der Natur eine große Aufgabe. Sie sorgen für die natürliche Auslese. Pflanzen, die nicht besonders kräftig sind, werden von Blattlaus & Co plattgemacht. So wird ihre organische Substanz wieder möglichst schnell in den Kreislauf der Natur zurückgeführt. Schädlingsbefall bedeutet demnach, dass es der Pflanze nicht gut geht. Besonders leicht haben es Schädlinge, wenn ein Ungleichgewicht der natürlichen Verhältnisse besteht.

Oft ist der Boden geschwächt, weil wir Fruchtfolgen nicht einhalten, der Erde nicht genug Ruhe zur Regeneration gönnen. Kunstdünger lässt trotzdem die Pflanzen wachsen. Zusammen mit anderen chemischen Mitteln, die im Garten leider immer noch oft eingesetzt werden, macht er aber das Bodenleben kaputt oder bringt es zumindest aus dem Gleichgewicht.

Beispiel Schnecken: Viele Gartenbesitzer klagen, dass Nacktschnecken ein immer größeres Problem werden. Der Verkauf von Schneckenkorn ist in den letzten Jahren permanent angestiegen. Zahlreiche Schnecken im Garten sind aber ein Anzeichen dafür, dass ein Ungleichgewicht im Boden vorherrscht.

Die Schnecke wurde ja nicht erfunden, um den Gärtner seiner Ernte zu berauben. Ihre von der Natur zugedachte Aufgabe ist es, Verdauungsmikroben zu produzieren, die faulendes organisches Material im Boden zersetzen – eine wichtige Voraussetzung, um Nährstoffe wieder für die Pflanzen verfügbar zumachen.

▶ Die Nacktschnecke im Gartenschuh ist unangenehm – aber auch im Beet wird sie nicht gern gesehen.

In der Erde befinden sich unzählige Schneckeneier. Diese erhalten durch Fäulnisvorgänge im Boden einen Impuls zu schlüpfen. Je mehr das Ungleichgewicht also in Richtung Fäulnis geht, desto mehr Schnecken schlüpfen und beginnen ihre Arbeit.

Fäulnis ist eine existenzielle Katastrophe für das Bodenleben. Ohne die Schnecken würde es völlig kippen. Um ihre Hilfe möglichst effektiv zu gestalten, frisst die Nacktschnecke jede nur verfügbare Pflanze.

Genau hier kann die „Therapie" mit den Effektiven Mikroorganismen ansetzen. Diese unterstützen die natürlichen Abbauprozesse im Boden, vermindern demnach auch die Fäulnis. Das bedeutet, dass langfristig weniger Schnecken schlüpfen. Erfahrungen zeigen, dass nach einiger Zeit der Anwendung von EM die Nacktschnecken aus dem Garten verschwinden.

Die Schnecke einfach einzufangen oder zu vergiften, ist also ein bisschen so, wie die Ölwarnlampe abzuklemmen, weil sie ständig leuchtet. Beim Auto würden wir natürlich sofort Öl auffüllen und die Ursache beheben. Genauso müssen wir viele Schädlinge als Symptom eines Bodenproblems erkennen und versuchen, dieses an der Wurzel zu packen. Dabei können EM dem Bodenleben auf die Sprünge helfen.

BOKASHI

Was machen wir eigentlich mit Resten von Pflanzen, Obst oder Gemüse? In der Regel landen sie in der Biotonne, im besten Fall auf dem Kompost. Aber aus diesem organischen Material kann man hervorragenden Dünger erzeugen. Es

◀ Er ist die schnelle Alternative zum Kompost: der Bokashi-Eimer.

wäre doch schade, wenn die Energie, die darin steckt, für unseren Garten verloren ginge.

Derartige Bioabfälle sind vorzüglich im Bokashi-Eimer aufgehoben. Bokashi kommt aus dem Japanischen und heißt so viel wie schrittweise Umsetzung.

Bei der Verarbeitung der Reste helfen uns wieder die effektiven Mikroorganismen. Sie wandeln das organische Material in wertvollen Dünger um. Und das ohne unangenehme Gerüche, wie wir sie aus der Biotonne kennen. Es riecht eher wie Sauerkraut.

Ein Bokashi-Eimer ist eigentlich nur ein luftdichter Plastikeimer mit einem Siebeinsatz, durch den Flüssigkeit, die bei der Umsetzung entsteht, abgesondert werden kann. Der kleine Ablaufhahn im Boden dient dazu, sie hin und wieder abfließen zu lassen.

Ein solches Behältnis kann man sich auch selbst bauen: Es ist aber nicht so einfach, weil der Eimer völlig luftdicht sein muss. Fertiges Zubehör bekommen Sie im Fachhandel, es gibt auch für ca. 60 Euro komplette Starter-Sets mit allem, was man braucht.

Was darf in den Bokashi-Eimer? Obst und Gemüse, Speisereste, Käse, Joghurt, Eier, Brot, Teebeutel, Kaffeesatz, verwelkte Blumen und Pflanzenreste, kleine Mengen Papiertücher (Küchenrolle). Und was darf nicht hinein? Große Knochen, Fleisch, Papier, Asche, Tierexkremente, Wasser, Öl, Milch, Saft, Essig und bitte keine Schalen von Zitrusfrüchten - Gefahr von giftigem Schimmel!

▼ Küchenabfälle sollten Sie kleinschneiden, bevor sie in den Bokashi-Eimer gegeben werden – weil der Umwandlungsprozess so viel schneller geht.

Wie fülle ich einen Bokashi-Eimer, in dem der Umwandlungsprozess (auch Fermentation genannt) übrigens im Gegensatz zum Kompost nur zwei Wochen dauert? Zuerst schneide ich die Küchenabfälle klein. Danach kommen sie in den Eimer. Jede neue Schicht besprühe ich mit der EM-Lösung, die wir auch für den Garten nutzen.

Ich streue zusätzlich etwas Gesteinsmehl darüber. Wie an anderer Stelle schon beschrieben, bindet es Gerüche und macht die von den Mikroorganismen freigesetzten Nährstoffe im Boden besser verfügbar.

Die Abfälle sollte man beim Einfüllen übrigens etwas zusammendrücken, damit möglichst wenig Luft eingeschlossen wird. Sauerstoff ist der Fermentation nicht dienlich. Solange der Eimer nicht voll ist, lege ich eine Plastiktüte mit Sand auf die Abfälle, das drückt die Luft heraus und schließt fast luftdicht ab. Ist der Bokashi gänzlich gefüllt, bleibt er 14 Tage bei Zimmertemperatur stehen, damit die Bakterien arbeiten können.

Den entstehenden Sickersaft lasse ich, um Fäulnis zu vermeiden, alle zwei bis drei Tage über das Ventil im Boden den Eimers ablaufen. Auch dieser Saft ist ein vortrefflicher Dünger. Sie können ihn 1:200 mit Wasser verdünnen und damit Ihre Pflanzen auf dem Fensterbrett oder im Garten gießen.

Nach 14 Tagen Ruhe sollte Ihr Bokashi angenehm sauer riechen und einen pH-Wert von ca. 4 haben. Dann können Sie den Inhalt auf den Kompost geben oder ihn als Dünger untergraben. Aber nichts übereilen! Frisch ist der Bokashi zu sauer für die Pflanzen. Besser ihn erst einmal sorgfältig mit Erde vermischen und untergraben – und nach etwa 14 Tagen kann mit dem Pflanzen oder Aussäen begonnen werden.

Wenn ich das Material gerade nicht brauche, vergrabe ich es an einer ungenutzten Stelle im Garten. Später kann ich es dann als Dünger nutzen.

▲ Sickersaft ist guter Dünger.

Auch Rasenschnitt enthält viel Energie, die möglichst im Garten bleiben sollte. Wir können einfach einen Rasen-Bokashi ansetzen: den feinen Rasenschnitt in einen stabilen Plastiksack geben und reichlich EM-Lösung darüber sprühen, so dass alles schön feucht, jedoch nicht nass ist; etwas Gesteinsmehl dazugeben und die Luft herausdrücken; den Sack dicht verschließen und in einer schattigen Ecke des Gartens mindestens 14 Tage liegen lassen. Anschließend können wir den ehemaligen Rasenschnitt als Dünger oder zur Kompostverbesserung verwenden.

Es gibt übrigens Menschen, die im Sommer und im Herbst einen Bokashi nur mit Obst ansetzen. Den entstehenden Sickersaft trinken sie dann und schwören auf die gesundheitsfördernde Wirkung. Ich habe das noch nicht ausprobiert …

BIENEN- UND HUMMEL-FREUNDLICHER GARTEN

Fehlender Lebensraum und dadurch immer weniger Nahrungsquellen sind die größten Probleme unserer Bienen und Hummeln. Deshalb starte ich jetzt die große Bienenoffensive: Mehr Blumen in meinen Gemüsegarten. Zum Beispiel setze ich zwischen die Kohlpflanzen ein paar schöne Studentenblumen (Tagetes). Die blühen den ganzen Sommer, bringen eine bunte Vielfalt in den Garten. Durch die Mischung der Kulturen können sich Krankheiten schlechter übertragen und Schädlinge haben es schwerer.

Der starke Geruch der Tagetes hält viele ungebetene Besucher fern, zum Beispiel die Kohlfliegen. Wurzelgemüse wie Karotten und Sellerie schützen sie vor Wurmbefall. Schnecken lieben die Studentenblume – sie ist also eine gute Ablenkfütterung für die kleinen Schleimmonster. Im Herbst können wir die Reste der Blume dann einfach als Gründüngung mit untergraben. Der Name Tagetes geht übrigens auf den etruskischen Gott Tages zurück, der einer Ackerfurche entsprang. Schon allein deshalb gehört sie in den Gemüsegarten.

Als Beeteinfassungen rund um das Gemüse eignen sich besonders gut Löwenmaul, Astern, die besagte Tagetes, Chrysanthemen oder Zinnien. Alles, was schön klein bleibt und unser Gemüse nicht überwuchert.

Tipp: Tagetes und Astern säe ich zuerst in einer Kiste aus und pflanze sie, wenn sie gut 5 Zentimeter groß sind.

◀ Mein Kohlbeet fasse ich mit Studentenblumen ein.

In einer Ecke meines Gartens habe ich Ringelblumen ausgesät, und zwar schön dicht. Wenn man die Saat gleich ins Beet einbringt, fällt sie oft der Hacke zum Opfer. Deshalb ist es gut, die Pflanzen an einer geschützten Stelle in Ruhe keimen zu lassen. Erst wenn sie erkennbar sind, kommen sie ins Beet. So erhalten wir für ein paar Cent reichlich Pflanzen, die wir auf all unsere Beete im Gemüsegarten verteilen können.

▶ Mein Ringelblumen-kindergarten am Gartenzaun ...

▶ ... ist später ein guter Leibwächter für den Sellerie.

▶ Seite 107: Blumen für die Beeteinfassung, Kräuter und Gründün-gung – so finden Bie-nen und Hummeln bis in den Herbst Nahrung.

Auch die Ringelblume schützt vor Schnecken und Fadenwürmern. Mit ihren bis 20 Zentimeter tiefen Pfahlwurzeln lockert sie zusätzlich die Erde auf und verbessert die Bodenqualität.

Nicht nur Blumen sind für Bienen wichtig. Wenn es um schöne Blüten für sie geht, dürfen wir auch das Gemüse selbst nicht vergessen. Tomate, Kürbis, Paprika – sie alle entwickeln viele Blüten und gehören deshalb ebenfalls in den bienenfreundlichen Garten. Und je mehr Bienen und Hummeln wir anlocken, desto besser sind die Chancen auf reiche Ernte, denn die Insekten sind die Hauptbestäubter für viele Gemüsearten.

Damit unser Tomatenbeet nicht allzu langweilig wird, pflanze ich gleich die Kräuter dazu. Basilikum, Thymian oder Dill blühen schön und liefern zudem passende Zutaten für ein leckeres Essen. Es ist oft so, dass, was gut zusammen schmeckt, auch gut zusammen wächst. Tomate und Basilikum, Gurke und Dill oder Kartoffeln und Dicke Bohnen. Übrigens sind die Blüten von Thymian und Basilikum nicht nur Bienennahrung, sie sind auch vorzügliche Ergänzungen für den Salat. So ein Tomatensalat mit frischen Basilikumblüten – ein Genuss!

Die „Rasche Gartenregel" Nummer 2 lautet ja: Wo nichts wächst, wächst Unkraut! Deshalb gleich Gründüngung aussäen, wenn irgendwo Flächen frei werden. Zum Beispiel Phacelia – umgangssprachlich auch Bienenweide, Bienenfreund oder Büschelschön genannt. Sie ist nicht nur gut fürs Auge, sondern zugleich bestens geeignet für den Boden und natürlich ideal für die Bienen.

HUMMELN

Hummeln sind ganz wichtig für die Bestäubung in unserem Garten – besonders für die Obstbäume. Die dicken Brummer sind die frühen Bestäuber. Einige Hummelarten fliegen schon ab 5 Grad. Bienen werden erst bei wärmeren Temperaturen aktiv.

Allerdings werden die Hummeln immer seltener. Von den 29 in Deutschland heimischen Arten sind in einigen Regionen schon zehn verschwunden. Das liegt unter anderem daran, dass unsere Gärten und Grundstücke immer aufgeräumter sind. Totholzhaufen oder Bretterstapel, die natürliche Nistplätze sein könnten, finden sich kaum noch.

Deshalb sollten wir etwas tun, um die kleinen, pummeligen Nützlinge (Bild 1) in unseren Garten zu locken. Zum Beispiel mit einem Hummelkasten – den gibt es ab etwa 25 Euro im Gartenfachmarkt oder im Internetshop.

Wir können so ein Hummelhaus aber auch selbst bauen. Dafür brauchen wir eine Kiste, einen Pappkarton mit mindestens 20 Zentimeter Seitenlänge, eine Pappröhre, Hobelspäne, trockenes Moos und schließlich trockenes Heu.

Das Moos, das die meisten im Rasen haben und gar nicht wollen, ist ideal für unser Hummelhotel (2). Besonders die langstieligen Moosarten sind ein gutes, natürliches Baumaterial. Wichtig ist, dass der Rasen kein Gift, keinen Eisen-Dünger oder andere Chemikalien gesehen hat. Nach der Ernte sollte das Moos in der Sonne schön trocknen.

▲ Moos ist ideal für den Bau eines Hummelnestes.

Als Erstes braucht unsere Kiste ein Einflugloch. Das ist schnell gemacht: Mit einem 30 Millimeter-Forstnerbohrer (siehe Bild 3, Seite 110) wird das Behältnis ungefähr mittig angebohrt. In die Kiste kommen nun zwei Holzleisten als Abstandhalter und darauf der Pappkarton. Der sollte möglichst unbedruckt und sauber sein – nichts verwenden, wo Chemie drin steckt!

Der Pappkern einer Rolle Alu- oder Frischhaltefolie (4) dient als Einlaufröhre für das Nest. Innen wird das Ganze dann mit Hobelspänen bis kurz unter die Röhre aufgefüllt.

Jetzt kommt das Moos (5) zum Einsatz. Daraus bauen wir ein angenehmes Nest. Statt Moos kann man auch Schafwolle oder Polsterwatte nehmen. Wichtig! Es dürfen keine synthetischen Fasern enthalten sein. Darin verheddern sich die Tiere und sterben. Aus dem weichen Material formen wir einen kleinen Gang als Verlängerung der Einlaufröhre und eine etwa apfelgroße Nistmulde.

Als Abdeckung eignet sich langes Heu (6) von einer unbelasteten Wiese. Den Deckel vom Karton beschwert man mit einem Holzklotz oder einem Stein.

Vor das Einflugloch kommt noch ein kleiner Landeplatz (7). Einfach ein Stück Dachlatte oder ähnliches anschrauben. Nun wird noch eine möglichst wasserdichte Dachkonstruktion (8) aufgesetzt – fertig!

Am besten stellen die den Hummel-kasten auf Holzklötze oder Ziegelsteine, damit er nicht von unten feucht wird und zu schimmeln beginnt.

Die Basis einer schnellen Variante für den Hotelbau liefert ein großer Blumentopf. Diesen mit Moos füllen, auf Holzhächsel stellen, dann zwei kurze Latten als Einflugschneise oben, links und rechts neben das Loch legen. Schließlich kommt noch ein Brett als Dach darüber, damit es nicht reinregnet (9).

Wie bereist kurz erwähnt, sind Hummeln schon bei sehr niedrigen Temperaturen unterwegs. Deshalb sollte das Hummelhotel früh im Jahr aufgestellt werden – Ende Februar ist der ideale Zeitpunkt. Vor dem Winter stirbt das gesamte Hummelvolk – nur die Königin überlebt und sucht zu Jahresbeginn ein Nest. Eine Königin auf Nestsuche erkennen Sie am Zickzackflug.

Achtung! Auch wenn Sie es gut meinen, fangen Sie bitte auf keinen Fall Hummeln, um sie in Ihr Hotel zu setzen! Das ist streng verboten! Wenn die dicken Brummer an den Blüten Nahrung sammeln, ist das ein Zeichen, dass sie schon ein Zuhause haben. Dann werden sie ohnehin nicht in Ihrem Nest bleiben.

INSEKTENHOTEL

Nicht nur für die Hummeln ist es wichtig, dass wir ihnen Lebens- und Wohnraum schaffen. Das Gleiche gilt für viele andere der kleinen, nützlichen Insekten, deren Rückzugsgebiete in oft peinlich sauberen Gärten verloren gegangen sind. Auch für sie gilt es, einen dekorativen Ausgleich zu schaffen – ein Insektenhotel.

Fünf Sterne unter dem Apfelbaum – dafür brauchen wir nicht viel. Ein paar Reste als Baumaterial finden sich immer. Aus alten Brettern ist ganz schnell ein passender Rahmen zusammengeschraubt.

Einige Lochziegel lagen noch irgendwo herum, Stroh, Schilf, Holzwolle und Bambus habe ich gesammelt. Auch Holzscheite sind begehrte Wohnobjekte bei Insekten. Mit den unterschiedlichen Materialien kann ich verschiedene Wohnungsgrößen anbieten. Umso breiter ist die Vielfalt der Insekten, die bei mir ihr

▶ Den späteren Bewohnern des Insektenhotels macht es den Einzug leichter, wenn schon „Wohnungen" vorgebohrt sind.

▶ Moos und etwas Gestrüpp sorgen für zusätzliche Unterschlupfmöglichkeiten.

neues Zuhause finden: Bienen, Florfliegen, Schwebfliegen, Marienkäfer, Wildbienen, Hummeln und Schlupfwespen. Die kleinen Räuber vernichten Schädlinge und helfen beim Bestäuben. Denn etwa 80 Prozent unserer Pflanzen sind
auf Insektenbestäubung angewiesen.

Es gibt ungefähr 500 Arten von Wildbienen – kleine zierliche und große dicke.
In die Holzscheite bohre ich deshalb auch verschieden große Löcher, von 3 bis
8 Millimeter. Durch das Vorbohren sind meine Insektenwohnungen quasi schlüs-
selfertig. So gibt es von Anfang an genug Unterschlupfmöglichkeiten.

   Hohlräume zwischen den Steinen und Holzscheiten verstopfe ich mit Moos,
kleinen Zweigen, Gestrüpp und Lehm. Manche Wespenarten brauchen Letzte-
ren zum Hausbau.

   Mit etwas Holzwolle oder Stroh und einem alten Blumentopf baue ich
schließlich noch ein Außenzimmer für einen speziellen Blattlausjäger: den Ohrwurm. So einen alten Tontopf können Sie natürlich auch einfach in die Bäume
hängen.

▼ Ein Blumentopf
und etwas Stroh – das
reicht dem Ohrwurm
als Unterkunft.

Noch eine Anmerkung: Der Standort des Insektenhotels sollte Voraussetzun-
gen erfüllen, die auch wir uns bei einer Urlaubsunterkunft wünschen: eine son-
nige und trockene Lage. Meerblick und Strandnähe sind hingegen nicht unbedingt notwendig.

BENJESHECKE

Ein sonniges Herbstwochenende – eine gute Gelegenheit um noch einmal die Hecke zu schneiden. Doch wohin mit den Ästen und Zweigen? Ganz einfach: Ich lege mir damit eine Benjeshecke an.

Genau genommen handelt es sich dabei nicht um eine Hecke, sondern um einen Totholzstreifen. Den platziere ich an die Windseite meines Gemüsegartens, um die Beete vor dem kalten Herbstwind zu schützen. Dafür grabe ich erst einmal zwei Reihen Löcher – etwa 30 Zentimeter tief und mit 50 Zentimeter Abstand. Dort hinein kommt ein Grundgerüst aus Birkenstämmen. Als Stützhölzer können wir auch imprägnierte Pfähle aus dem Baumarkt nehmen. Die halten dann natürlich ein paar Jahre länger. So eine Benjeshecke kann man gut 15 bis 20 Jahre nutzen. Der Abstand der Stützhölzer darf übrigens variieren. Er richtet sich danach, wie groß die verwendeten Äste und Zweige oder das Gestrüpp sind.

◀ Nicht nur die Hecke braucht hin und wieder mal einen Frisör.

Wenn noch Laub an den Zweigen ist, macht das gar nichts. Das Ganze wird einfach locker übereinander geschichtet. Die Schichten presse ich nicht zu stark zusammen. Die Benjeshecke soll nicht nur Wind- und Sichtschutz sein, sondern auch Winterquartier für viele Nützlinge in unserem Garten: Insekten, Vögel, aber auch Igel. Am Ende werden überstehende Äste noch abgeschnitten, so als würden wir eine normale Hecke in Form bringen.

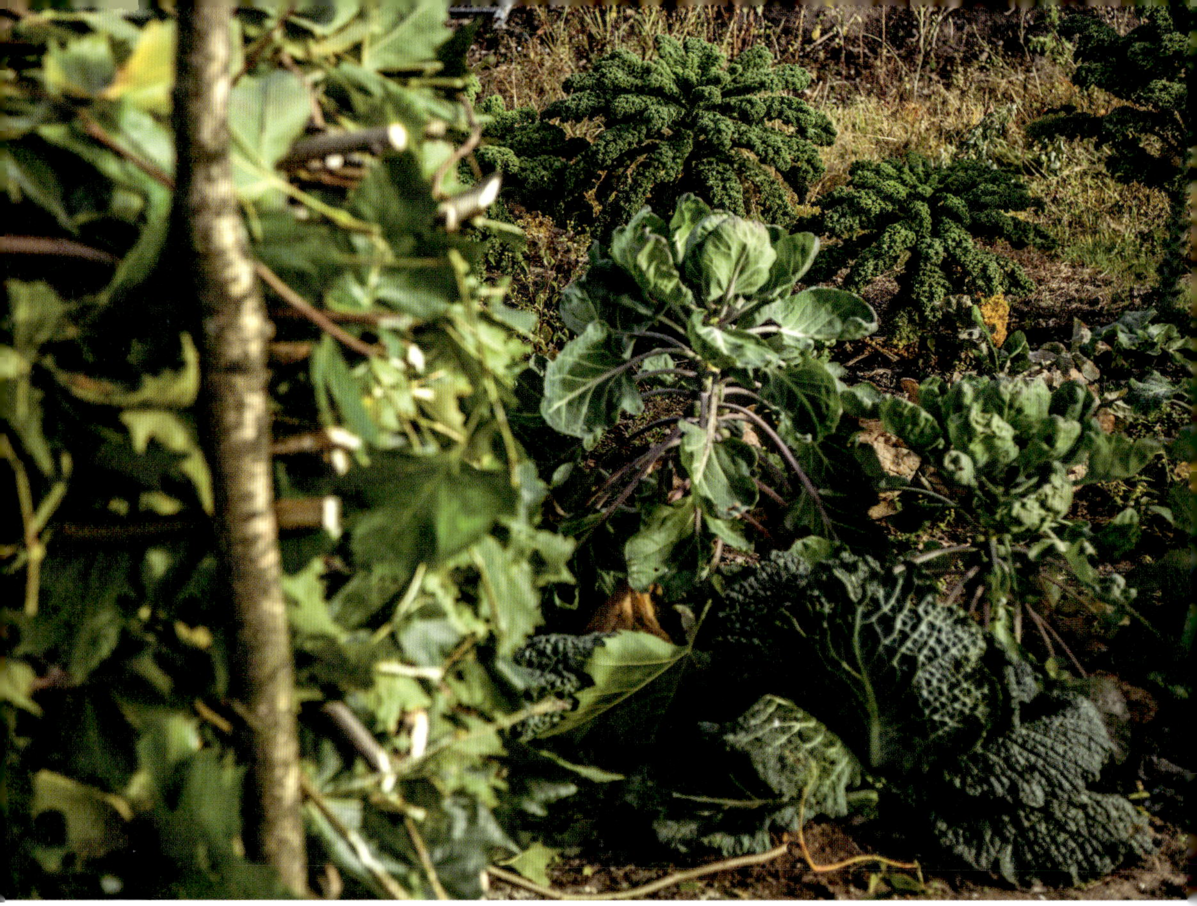

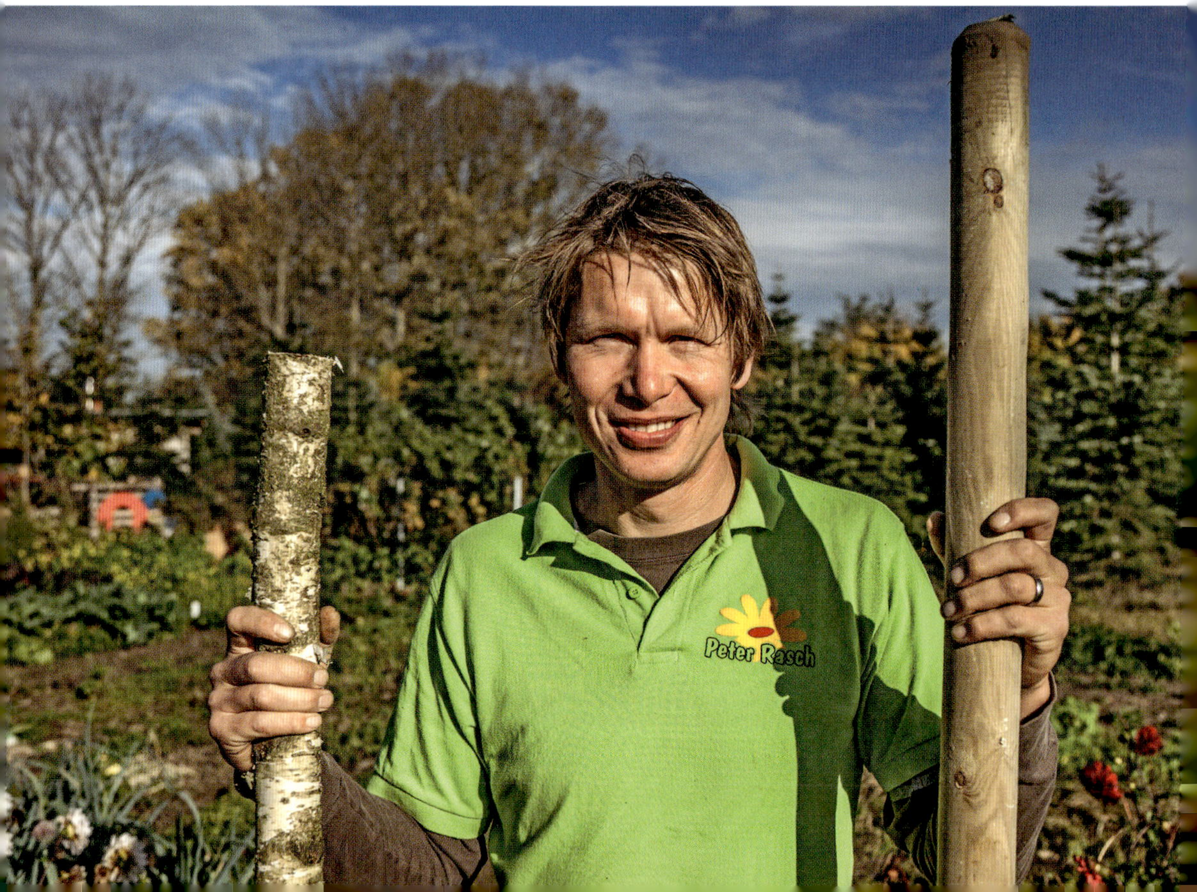
Peter Rasch

Mit der Zeit vermodert das Totholz und sackt in sich zusammen. Wir können jedes Jahr unseren neuen Grünschnitt wieder oben drauf packen.

◀ Seite 118:
Stützhölzer
stabilisieren die
Benjeshecke.

Bei einem Gartenbauer aus Rostock habe ich einmal eine besondere Form der Benjeshecke gesehen. Er hatte zwei Heckenreihen gepflanzt und entsorgte den gesamten Grünschnitt seines Gartens dazwischen. Zusammen mit dem Komposthaufen funktionierte dieses System so gut, dass er seit Jahren keine Gartenabfälle mehr abzufahren brauchte.

Noch ein wichtiger Tipp: Wenn Sie die Benjeshecke sehr hoch bauen, zum Beispiel als Sichtschutz, halten Sie genügend Abstand zur Grundstücksgrenze oder sprechen Sie vorher mit dem Nachbarn, damit es keinen Ärger gibt.

◀ Grünschnitt kann auf
diese Weise formschön
entsorgt werden.

Rasche Gartenregel Nr. 3

Man muss auch gönnen können!

Tiere gehören auch im Garten zum Leben dazu. Sie fangen uns
viele Schädlinge weg, sorgen für gesunden und lebendigen Boden.
Klar, sie naschen zuweilen dort, wo wir vielleicht lieber selbst
geerntet hätten. Oder der Maulwurf hinterlässt bei der Suche nach
Engerlingen seine Haufen auf unserem Rasen. So ist eben der Lauf
der Natur. Ich finde es fair, nicht alles abzuernten, sondern auch den
Tieren etwas zu überlassen – einfach mal einige Äpfel am Baum
hängen lassen oder ein paar Beeren am Strauch. Es müssen ja nicht
die schönsten sein. Abgeblühte Sonnenblumen wiederum geben
den Vögeln im Winter etwas zu picken. Die ruhige Ecke im Garten
mit Totholz und Wildwuchs kann Kinderstube sein und Unterschlupf
für Tiere, deren Lebensraum immer weiter beschnitten wird.
Die meisten der kleinen Mitbewohner sind nicht unsere Feinde,
sondern sehr nützlich für unseren Garten ...

TIERE IM GARTEN

Oft werde ich gefragt: „Meine Hecken sind so kräftig gewachsen. Kann ich sie im Sommer schneiden oder nicht?" Ja, man kann! Wichtig ist jedoch, dass es ein kleiner, feiner Rückschnitt ist. Gerade bei Koniferen sollte im Sommer nicht viel geschnitten werden. Vor allem achten Sie darauf, dass die Vögel nicht noch brüten oder ihre Jungen aufziehen. Einige Singvögel wie Amsel, Singdrossel, Buch- und Grünfinken ziehen im Juni noch die zweite Brut groß. Deshalb unbedingt vor dem Schneiden vorsichtig nachschauen, damit Sie die Tiere nicht stören. Lassen Sie auf jeden Fall die elektrische Heckenschere im Schrank! Laut Bundesnaturschutzgesetz sind in der Zeit vom 1. März bis zum 30. September nur schonende Form- und Pflegeschnitte zulässig.

GROSSREINEMACHEN IM VOGELHAUS

▲ Beim Schneiden der Hecke sollten Sie unbedingt vorsichtig vorgehen – allein schon wegen der Vögel und ihrer Nester.

Es war ganz schön was los den Sommer über im meinem Vogelhäuschen. Da wurde ordentlich gezwitschert. Wenn die gefiederten Gäste ausgezogen sind, sollten wir ihre Unterkunft noch vor dem Winter reinigen.

Die Vögel sammeln in ihren Nestern eine ganze Menge Unrat zusammen. Manchmal bleibt auch ein verendetes Jungtier im Brutkasten zurück. Deshalb müssen wir ihn ausräumen und die Reste entfernen, denn dort vermehren sich Milben und Bakterien. Den entleerten Brutkasten wasche ich mit Salzwasser aus. Durch den Frost im Winter werden schließlich auch die letzten Parasiten abgetötet. Im Frühjahr können sich die Vögel dann neu einrichten.

EIN WINTERQUARTIER FÜR IGEL

Insekten oder Schnecken verderben vielen Gärtnern immer wieder das Ernte-
vergnügen. Aber diese ungeliebten Gäste haben einen natürlich Feind: den Igel.
Deshalb ist es sinnvoll, das Stacheltier im Garten zu haben. Damit es sich wohl-
fühlt, können wir ihm zum Beispiel eine bequeme und warme Winterbehau-
sung bieten.

So ein Igelquartier ist schnell gebaut. Es sollte ungefähr 30 mal 30 Zentimeter messen und einen etwa zehn Zentimeter großen Eingang haben – nicht größer, damit Hunde oder Katzen nicht eindringen können. Ein alter Blumenkübel
(Bild 1), eine auf den Kopf gestellte Obstkiste oder eine kleine Behausung aus
alten Ziegelsteinen mit einem Brett als Dach reichen (2) schon aus. Der Innen-
raum sollte locker mit Stroh, Heu oder trockenem Laub gefüllt sein, damit der

▼ Der Igel ist ein
wichtiger Helfer im
Garten – Grund genug,
ihm ein Haus zu bauen.

Igel etwas zum Kuscheln hat. Wer es ganz perfekt machen möchte, gräbt unter dem Igelhaus eine kleine Grube und füllt diese mit Kieselsteinen (3). Den Igel drückt auch während des Winterschlafes schon mal die Blase – um sich zu erleichtern, geht er nicht extra aus dem Haus.

Von außen kann man die „Igelvilla" mit verschiedenen Materialien isolieren, zum Beispiel mit Grassoden, Reisig, Laub oder Borke (5). Wer eine alte Obstkiste verwendet, sollte ein Stück Folie über diese ziehen, damit die Igelhütte einigermaßen wasser- und winddicht ist. Zum Abschluss noch einen schönen Stein auf dem Dach platzieren (4) – dann kann dem Haus auch ein Sturm so schnell nichts anhaben.

MAULWURF

Ich weiß, Freunde des gepflegten englischen Rasens haben eine Erzfeind: den Maulwurf. Man hört von den ausgefeiltesten Taktiken und teilweise recht grausamen Ideen, wenn es darum geht, diese Tiere loszuwerden. Mit Wasser ertränken, mit Auspuffgasen vergiften, Benzin rein und anzünden, ausräuchern, fiese Fallen – das habe ich alles schon von Rasenfanatikern gehört. Gruselig! Immerhin steht der kleine Bauarbeiter unter Schutz.

Was am besten funktioniert, ist ein bisschen Gelassenheit. Ich erinnere wieder an die Rasche Gartenregel Nummer 3: „Man muss auch gönnen können".

Ich mag den Maulwurf – aber viele stören seine Haufen.

Zumal der Maulwurf ja auch einiges an Schädlingen wegfrisst. Denken wir nur an seine Leibspeise, die Engerlinge.

Zwei gute Tipps kann ich ihnen trotzdem geben, wenn sie keinen Maulwurfshaufen auf der Wiese wollen.

Nummer 1: Wenn Sie den Rasen oder auch Beete anlegen, den Boden ein bisschen tiefer ausheben und ein Maulwurfsvlies einarbeiten. Das Gewebe ist für die Wurzeln durchlässig, der Maulwurf schafft es aber nicht, dort seine Nase hindurch zu stecken.

Nummer 2: Der Maulwurf hasst Lärm und folglich auch, wenn seine Obermieter ihm auf der Decke herumtrampeln. Also lassen Sie die Kinder oder die Enkel auf dem Rasen toben, feiern Sie ausgelassene Gartenparties, mähen sie den Rasen, laden Sie die Nachbarjungs zum Fußballspielen ein. Auch wenn er schwarz „gekleidet" ist, wird er nicht den Schiedsrichter geben, sondern das Weite suchen. Leben im Garten ist ein gutes Mittel gegen unerwünschte Maulwurfshaufen. Und vielleicht hilft es Ihnen auch, die ganze Sache entspannter zu sehen und mit einem Lächeln sowie einem großen Schritt über den nächsten Haufen zu steigen.

REGENWURMZUCHT

Durch intensive Bewirtschaftung, durch den Einsatz von Dünger und anderer Garten-Chemie wird das Bodenleben in vielen Fällen dauerhaft durcheinandergebracht. Kreisläufe funktionieren nicht mehr richtig, die Qualität des Erdreichs wird immer schlechter. Wenn wir uns also mit dem Fachkräftemangel im Untergrund beschäftigen, können wir unserem Boden dabei unterstützen, wieder gesünder zu werden.

Ein wichtiger Helfer ist der blinde Bergarbeiter, der sich durch unseren Garten wühlt – der Regenwurm. Er bohrt seine Gänge und lockert so die Erde in unseren Beeten auf. Wasser und Luft können dadurch besser aufgenommen werden. Außerdem frisst er organisches Material, das im Boden verrottet, und verdaut es zu wertvollem Dünger. Davon hätte jeder gern mehr im Garten. Also – Regenwürmer züchten, um das Bodenleben anzuschieben.

Als Erstes brauchen wir ein Behältnis. Eine stabile Plastikkiste mit Löchern, wie sie Bäcker benutzen, um ihre Brötchen auszuliefern, eignet sich vorzüglich. Die Löcher an der Seite und im Boden sorgen für eine gute Luftzufuhr. Damit die Würmer durch die Löcher nicht das Weite suchen, brauchen wir allerdings eine Weglauf-Sperre. Wir legen die Kiste mit etwas Gartenvlies aus. Wenn sie noch ein altes Stück Insektengitter vom Fenster übrig haben, geht das auch.

Als untere Schicht baue ich unbedruckte Wellpappe ein. Würmer haben sie zum Fressen gern und nutzen sie zudem für die Eiablage.

▼ Eine Wurmkur für den Garten – die Mühe lohnt sich.

◄ Genug von ihrem Lieblingsessen brauchen die Würmer – und es muss immer schön feucht sein.

Jetzt brauchen wir Futter. Da bietet sich eine Schicht Laub an. Darauf schichten wir ungedüngten Torf und reifen Kompost. Der Kompost enthält einen Menge Kleinstlebewesen und vielleicht auch schon ein paar Würmer. Auch die unbedruckte Seite von Eierpappen können wir einweichen und einarbeiten. Das Ganze wird angegossen. Würmer lieben es feucht, Staunässe sollten wir aber vermeiden. Der pH-Wert der Bodens sollte bei 7 liegen, dann fühlen sich die erwünschten Tiere am wohlsten.

Jetzt die Würmer! Regenwürmer können wir selbst sammeln, man kann jedoch auch ein Starter-Pack im Internet bestellen oder sie im Anglerbedarf besorgen. Die Tiere werden einfach in der Kiste ausgesetzt. Wir haben etwa 40 Stück genommen. Jeder Wurm legt in den nächsten Monaten mehrere hundert Eier. Es sollte also reichlich Nachwuchs geben. Da Regenwürmer Zwitter sind, brauchen wir uns keine Sorgen um Geschlecht und Fortpflanzung zu machen.

Als Futter können wir hin und wieder ein paar Reste vom Gemüse, alte Salatblätter oder ähnliches oben in die Kiste legen. Die Würmer ziehen sich die brauchbaren Teile unter die Oberfläche. Schauen Sie regelmäßig nach, wann die Kleinen Nachschub brauchen. Bei dieser Gelegenheit sollten Sie Reste, die schimmeln, entfernen!

Die Würmer mögen es dunkel und sollen zudem nicht nach oben entfliehen können. Deshalb den Deckel auf der Kiste nicht vergessen: Wir stellen sie an einen schattigen Platz unter die Hecke im Garten. Zuweilen bitte die Bodenfeuchtigkeit kontrollieren! Etwa drei Monate dauert die Regenwurm-Zucht, dann können Sie die Tiere im Garten und auf dem

Komposthaufen aussetzen. Einen Teil des Kisteninhalts kann man gleich für die neue Regenwurmzucht verwenden.

Im Winter müssen Sie Ihre Zuchtstation allerdings in die Garage oder den Schuppen räumen. Starken Frost überleben die Würmer nicht, weil so eine Kiste natürlich sehr schnell durchfriert. An einem frostgeschützten Ort können Sie die Zucht aber fortführen und haben dann gleich im Frühjahr motivierte Helfer für den Garten. Die ideale Temperatur liegt zwischen 4 und 24 Grad. Übrigens: Im Hochsommer machen die Würmer eine Fortpflanzungspause. Wundern Sie sich also nicht, wenn es dann nicht so gut klappt mit der Wurmzucht.

▲ Deckel drauf und ein schattiges Plätzchen suchen – den Rest erledigen die Regenwürmer.

SCHNECKEN

Salat, Kohlrabi oder Blumenkohl – vergangene Woche gepflanzt ... und schon ist alles abgefressen. Was kann man gegen Schnecken machen? Den Tipp, ein feuchtes Brett ins Beet zu legen und sie einzusammeln, hatten wir schon an anderer Stelle gegeben (Seite 92).

Ein weiterer Schneckentipp: ein Hütchen, das wir um die zu schützende Pflanze in den Boden stecken (vgl. Bild 2, Seite 131). Funktioniert ganz einfach: Die Schnecke kriecht an der Seitenwand hoch, kommt am spitzen Winkel nicht weiter. Bestens! Allerdings: Wer viel Salat und Kohlrabi hat, braucht auch viele Hütchen.
Diese Lösung gibt es übrigens für Einzelpflanzen oder als Einfassung für ganze Beete. Eine nicht ganz neue Idee, die sich aber bewährt hat. Wichtig ist, dass Sie den Schneckenschutz richtig in die Erde stecken, damit unten niemand durchschlüpfen kann.

Nächster Tipp: die Halskrause aus Kupfer (3). Wenn Sie Kupferblech vom Dachdecken übrig haben, können Sie sich daraus einen kleinen Schneckenschutzzaun bauen. Es gibt das entsprechende Material aber natürlich auch fertig zu kaufen. Das ist nicht ganz billig, sieht aber schön aus und ist sehr haltbar.

Und wie funktioniert diese Konstruktion: Der Schleim der Schnecke reagiert mit dem Kupfer. Diese chemische Reaktion ist für das Tier derart unangenehm, dass es – so schnell es kann – das Weite sucht. Für Blumentöpfe und Kübel gibt es selbstklebende Kupferfolie (4).

Da diese Methode in Gartenforen weiterhin umstritten ist und der Erfolg angezweifelt wird, haben wir einen Test durchgeführt und ein Quadrat aus Kupferfolie auf eine Tischplatte geklebt. Unsere Testschnecke wurde in die Mitte gesetzt. Sie machte mehrere Versuche, das Kupferband zu überqueren, drehte aber immer wieder um.

Für größere Flächen gibt es den kupferdurchwirkten Schneckenzaun (8). Allerdings muss man auch hier sehr gut aufpassen, dass unten keine Lücken bleiben. 16 Meter Schneckenzaun kosten etwa zehn Euro.

Ein Tipp mit angenehmer Vorbereitung: Öfter mal eine Pause machen und einen Kaffee trinken. Schnecken mögen den Kaffeegrund (5) gar nicht. Wenn sie ihn um das Beet streuen, schützen sie dieses. Denn die Tiere regieren empfindlich auf Koffein. Außerdem ist der Kaffeesatz ein idealer Dünger.

Ebenfalls sehr ökologisch ist die Schneckenbarriere aus Schafwolle (7). Sie saugt den Schleim der Schnecke auf, die damit auf dem Trockenen sitzt und nicht weiterkommt. Wieder kam unsere Testschnecke zum Einsatz. Sie hat sich stundenlang nicht vorwärts bewegt, obwohl sie den frischen Kohlrabi direkt vor der Nase hatte.

Und ein letzter Tipp: Effektive Mikroorganismen (EM). Diese helfen zwar nicht gegen die Schnecken, die Sie schon im Garten haben, aber gegen die, die noch ausschlüpfen wollen. Wie im Kapitel zu den EM bereits beschrieben, sind Schnecken ja nicht ganz unnütz. Ihre Aufgabe ist es, Verdauungsmikroben zu produzieren, die Fäulnis verhindern und Pflanzenreste wieder in Nährstoffe umwandeln. Durch die Fäulnis im Boden entstehen Botenstoffe, die Schneckeneier anregen zu schlüpfen. Die Effektiven Mikroorganismen verbessern den Zustand des Bodens, Schneckeneier erhalten somit keine Botenstoffe mehr, dass etwas fault, und bleiben inaktiv.

Seite 131: Zäune, Kupfer, Kaffeegenuss –
die Möglichkeiten, der Schnecken Herr
zu werden, sind vielfältig

GURKEN UND TOMATEN

Normalerweise sagt man, Gurken und Tomaten gehören nicht zusammen in ein Gewächshaus. Mit einem Trick geht das aber doch. Die Tomate mag es sonnig und kühl, die Gurke warm und feucht. Wir brauchen also zwei Klimazonen. Die Tomaten pflanzen wir auf die Sonnenseite des Gewächshauses, an einer Stelle, die man gut belüften kann. Die Gurken kommen eher in den hinteren Teil, auf die sonnenabgewandte Seite. Dort kann ich schnell mit ein paar Latten und Folie ein Gewächshaus im Gewächshaus errichten und so ideale Bedingungen für die Gurkenpflanzen schaffen. Sie mögen nämlich keine Zugluft.

▼ Durch das Gewächshaus im Gewächshaus können Gurken und Tomaten zusammen gedeihen.

Als Erstes bereiten wir den Boden für die Gurken vor. Dafür mischen wir Komposterde mit Mist und Stroh. Planen Sie etwa 5 bis 10 Kilo Mist pro Pflanze. Künstlichen Dünger wie Blaukorn brauchen Sie nicht, das Geld können Sie sparen. Das Stroh sollte kleingehäckselt sein. Wenn es verrottet, entsteht Wärme, die Gurken lieben. Heben Sie das Beet gut 50 Zentimeter tief aus und füllen Sie die Grube mit dem Gemisch. Die Erde kommt dann wieder darüber.

Wenn Sie Gurken pflanzen, sollten Sie darauf achten, dass die Temperatur im Gewächshaus auch nachts nicht unter 12 Grad sinkt. Ist es kühler, müssen Sie zuheizen. Auch Gefäße mit warmem Wasser können helfen, die Temperatur zu halten. Am zuverlässigs-

◄ Gute Bodenvorbereitung ist das A und O. Besonders dann, wenn Sie immer wieder die gleichen Kulturen im Gewächshaus anbauen.

ten ist eine Elektroheizung. Petroleumlampen oder Gasheizer sind nicht zu empfehlen, weil dabei Substanzen in die Luft gelangen, die einige Pflanzen nicht vertragen.

Gerade bei Gurken kann es sein, dass die Blätter sich schon nach wenigen Wochen braun oder gelb färben. Das ist meist ein Zeichen für Magnesiummangel. Düngen Sie dann mit etwas Bittersalz nach!

Auch für die Tomaten müssen Sie das Beet gut vorbereiten. Tomaten sind Tiefwurzler, deshalb sollten die Erde mindestens zwei Spatenstiche tief aufgelockert sein. Am besten ist ein pH Wert des Bodens von 6. Arbeiten Sie notfalls mit etwas Kalk nach. Tomaten brauchen viel Sonne und wenig Hitze. Deshalb immer gut lüften. Tagsüber offene Türen sorgen für ein entsprechendes Klima und machen zudem die Flugbahn für die bestäubenden Insekten frei.

Ohnehin sollten Sie darauf achten, dass die Temperatur im Gewächshaus nicht über 30 Grad steigt. Ansonsten verklumpen die Pollen, was eine Bestäubung erschwert.

Zu viel Wärme wirkt sich zudem negativ auf den Geschmack aus. Bei großer Hitze geht's in Richtung der wässrig schmeckenden Supermarkttomate. Bei mäßigen Temperaturen wachsen die Pflanzen zwar etwas langsamer, werden dafür aber wesentlich aromatischer.

Noch ein Tipp vom Gärtner: Wenn Ihre selbstgezogenen Tomatenpflanzen von der Fensterbank schon etwas in die Länge geschossen sind, pflanzen Sie sie einfach etwas tiefer ein, dann entwickeln sie sich besser. Überhaupt sollten Sie die Anzuchtschalen für die Toma-

ten nicht auf die Heizung stellen. Sonne ist für sie gut, aber keine Temperatur über 24 Grad. Bei mildem, nicht zu sonnigem Wetter können Sie die Pflanzen ruhig schon vorher zum Abhärten rausstellen. Davon wird die Sprossachse fester.

▲ Nicht zu viel Wärme und ein bisschen Wind tun den kleinen Tomatenpflanzen gut. So werden sie schön kräftig.

TOMATEN ALLGEMEIN

Tomaten zählen ja zu den Starkzehrern. Es ist also gar nicht gut, sie jedes Jahr an der gleichen Stelle anzubauen. Das bringt nur mit viel Dünger Erträge, der jedoch auf die Dauer den Boden kaputt macht. Im Grunde bräuchte er nach den Tomaten ein Jahr Ruhe – am besten mit Gründüngung. Deshalb tauschen wir entweder die Erde im Gewächshaus aus oder wir lassen uns etwas anderes einfallen - Pflanzschläuche zum Beispiel. Das sind mit Erde gefüllte Folienschläuche, in die die Tomaten gepflanzt werden. Wir legen sie einfach oben auf die Gewächshauserde und lassen den eigentlichen Boden in Ruhe. Die Folie schützt vor Verdunstung, So benötigen wir noch weniger Wasser.

▼ Die kleinen Löcher haben genau die richtige Größe, damit das Wasser heraus kann, die Erde aber im Sack bleibt.

Als Alternative zu den Pflanzschläuchen können wir auch handelsübliche Säcke mit Tomatenerde nehmen. In einem 40 Liter Sack haben vier Tomatenpflanzen Platz. Bitte nehmen Sie keine normale Blumenerde! Die enthält viel Kunstdünger. Für Gemüse, das wir essen wollen, ist sie nicht geeignet.

◀ Säcke mit Tomatenerde aus dem Gartenmarkt funktionieren genauso gut wie die professionellen Pflanzschläuche. Auch im Kübel auf der Terrasse gedeihen die kleineren Sorten hervorragend.

Die Unterseite des Sacks steche ich mit einer Gabel ein, so kann überschüssiges Wasser abfließen. In die Oberseite schneide ich einfach vier Löcher, in die die Wurzelballen hineinpassen. Wichtig ist genügend Abstand. Tomaten sind zwar Nachtschattengewächse, brauchen aber viel Licht. Sonne setzt in der Tomate Enzyme frei, die für den Geschmack verantwortlich sind. Deshalb schmecken Supermarkttomaten oft wässrig. Sie werden nämlich grün geerntet und dann künstlich nachgereift. Meine Tomaten sollen an der Pflanze schön rot werden.

Mit dem Gießwasser müssen sie regelmäßig auch für Nährstoffnachschub sorgen. Im Handel gibt es guten Biodünger aus pflanzlichen Rohstoffen, unter anderem speziell für Tomaten. Brennnesseljauche liebt die Tomate ebenfalls.

Wer kein Gewächshaus hat, kann Tomaten auch in einen Kübel setzen und auf die Terrasse stellen. Ideal ist die Südseite. Von oben sollte die Pflanze ein bisschen geschützt sein. Ein Standort dicht an der Hauswand hilft, wenn die Nächte einmal kälter werden sollten.

Bei normalen Tomatensorten müssen wir alle ein bis zwei Wochen ausgeizen, heißt: überflüssige Triebe müssen herausgebrochen werden, um das Wachstum zu stärken. Die Geiztriebe entwickeln sich zwischen Sprossachse und dem Blatt. Sie können in einer Woche gut 10 Zentimeter wachsen und rauben der Pflanze Kraft, die sie lieber in die Produktion von Blüten und Früchten stecken sollte. Nur wenn uns aus Versehen die Spitze der Pflanze abbricht, können wir überlegen, einen Geiz weiter wachsen zu lassen.

Tipp: Pflanzen Sie Kartoffeln und Tomaten nie direkt nebeneinander. Wenn die Kartoffeln reif sind und das Kraut welkt, überträgt sich die Braunfäule auf die Tomaten. Gärtner wundern sich dann oft, was mit ihren Pflanzen passiert ist.

Ohnehin sollten die Pflanzen nicht zu groß werden. Lediglich fünf, maximal sieben Blütenstände bekommen Sie in einer Saison durch. Deshalb schneiden wir den Tomaten den „Kopf" ab, wenn sie zu viele Blütenstände entwickeln. Ab September können wir alle neuen Blütenstände ausbrechen. Daraus werden keinen reifen Früchte mehr.

Tomatengewächse brauchen nur eine bestimmte Anzahl an Blättern. Besonders unterhalb des ersten Fruchtstandes können diese entfernt werden. Die Pflanze entwickelt sich dann besser, die unteren Früchte bekommen mehr Licht, reifen schneller und auch Krankheiten breiten sich nicht so schnell aus.

▼ Die elektrische Zahnbürste ist eine zuverlässige Art der Befruchtung.

Wie bereits erwähnt, sollten Sie die Türen des Gewächshauses tagsüber offen halten, damit die Temperatur nicht zu sehr ansteigt und Hummeln oder Bienen an die Blüten kommen. Bei Tomaten erfolgt die Befruchtung in einem geschlossenen Teil der Blüte. Hummeln beißen zwar die Kapsel an und stibitzen etwas Pollen für ihre Arbeit, tragen ihn aber nicht von Blüte zu Blüte weiter, wie wir das von Obstbäumen kennen. Entscheidend ist, dass sie an den Blüten rütteln. So schütteln sie den Pollen auf den Blü-

tenstempel – die perfekte Bestäubung. In einem kleinen Gewächshaus kann man alternativ mit einer elektrischen Zahnbürste nachhelfen. Die sanften Vibrationen wirken wie der Besuch von Hummel & Co.

VORSICHT: BITTERE GURKEN UND ZUCCHINI!

Wenn unsere Gurken oder Zucchini bitter schmecken, kann es daran liegen, dass sie im letzten Jahr in der Nähe von Zierkürbissen gestanden haben und wir unser Saatgut aus der eigenen Ernte gewonnen haben. Vielleicht ist die Biene ständig hin und her geflogen zwischen Zierkürbis und Zucchini. Die Zierkürbis-Pollen wurden damit auf die Zucchinipflanze übertragen. Die Folge: eine unkontrollierte Rückkreuzung.

▶ Gerade wenn Sie Gurken und Zucchini im Freiland anpflanzen, dürfen sie nicht zu dicht an Zierkürbissen stehen.

Solche Zucchini können nun Bitterstoffe aus dem Zierkürbis enthalten – Cucurbitacine. Die schmecken nicht nur bitter, sondern sind auch giftig, verursachen Durchfall, starken Speichelfluß, Herzrasen oder Kopfschmerzen. Bei derartigen Symptomen müssen Sie sofort einen Arzt aufsuchen, denn es hat sogar schon Todesfälle gegeben.

Ein einfacher Geschmackstest kann davor schützen. Probieren Sie vor dem Kochen oder Verarbeiten ein kleines Stück. Wenn das bitter schmeckt, sofort ausspucken und die Frucht entsorgen. Auftreten kann dieses Phänomen

◀ Gurkenblüte mit
Minifrucht ...

bei Kürbissen, Zucchini, Gurken und Melonen, denn sie alle gehören zu den
Kürbisgewächsen.

Unkontrollierte Rückkreuzungen können nicht passieren, wenn wir geprüftes
Saatgut oder Jungpflanzen kaufen. Schmeckt die Gurke dann trotzdem bitter,
liegt das meist an den klimatischen Bedin-
gungen. Sie hat zu viel Wasser bekommen
oder zu wenig, es war zu heiß oder zu kalt.
Die Gurke ist diesbezüglich sehr empfindlich, kann solchen Stress überhaupt nicht
leiden. Wir werden bei zu viel Stress sauer,
die Gurke bitter. Vorbeugend sollten Sie
immer mit abgestandenem Wasser gießen
und aufpassen, dass Sie beim Hacken nicht
die Wurzeln beschädigen. Das erhöht die
Chance auf einwandfreie Früchte.

▼ ... und der Gärtner
mit üppiger Ernte.

Wenn Sie über die Herkunft der Pflanze
oder der Saat genau informiert sind, können Sie die bitteren Früchte eigentlich essen. Ich empfehle jedoch, im Zweifel lieber
die Finger davon lassen. So lecker sind bit-
tere Gurken ja nun auch nicht.

VERTIKALGÄRTNERN

Vertikalgärtnern – umdenken – raus aus der Horizontalen. Dies ist ein Trend, der in den letzten Jahren mehr und mehr Zuspruch erfährt. Kein Wunder: Die Grundstücke sind oft nicht allzu groß und auch eine Dachterrasse bietet selten viel Platz. Deswegen gewinnt nicht nur in der Architektur, sondern auch beim Gärtnern zunehmend eine Richtung an Bedeutung: die nach oben.

Auch mich fasziniert das Thema. Und so habe ich mir vorgenommen, vertikale Beete anzulegen.

Zuerst habe ich mir zwei kleine Europaletten besorgt. Die bespanne ich nun auf ihrer Unterseite mit einem Rest Teichfolie. Ein festes Gartenvlies geht auch, die Teichfolie hat aber den Vorteil, dass keine Feuchtigkeit austreten kann. Beim Befestigen sollten wir mit Tacker-Klammern oder Pappnägeln nicht sparsam sein, denn schon in eine derart kleine Palettenkonstruktion passen gut 25 Kilo Erde.

Jetzt geht es ans Befüllen mit Erde. Wenn Sie die Paletten an der Wand hoch stapeln, sollte auf jeden Fall gleich eine Bewässerung mit hineingelegt werden. Normales Gießen erweist sich in der Vertikalen naheliegenderweise als schwierig. Bei großen Flächen ist ein Tropfschlauch die ideale Lösung. Den bekommen Sie im Gartenmarkt.

Damit die Erde in der Palette bleibt, können Sie auch die Vorderseite mit einem Gartenvlies bespannen. Zum Bepflanzen muss dieses etwas eingeritzt werden, damit die Wurzelballen hineinpassen.

▲ Mit etwas Teichfolie wird aus alten Paletten ein Vertikalbeet.

Bepflanzen können Sie die Palette ganz nach Belieben – blumig oder mit Kräutern. Sowohl bei Balkonblumen als auch bei Kräutern gibt es viele hängende Sorten: Thymian, Minze, hängende Erdbeeren oder Gundermann für die Sommerbowle. Da sich auch das Düngen in der Vertikalen als schwierig erweist, sollten Sie auf ein gutes Substrat zurückgreifen. Bei Blühpflanzen kann man der Erde etwas

▶ Die Palette wird
mit Erde gefüllt und
bepflanzt ...

▶ ... Dabei werden
gleich Bewässerungs-
schläuche verlegt.

Langzeitdünger beimischen. Bei Kräutern, die Sie essen wollen, empfiehlt sich eher ein biologischer Kräuterdünger für das Gießwasser.

Wer möchte, kann seine Europalette natürlich noch farblich gestalten. Aber nach zwei Wochen ist, bei guter Pflege, sowieso alles zugewachsen.

Die Paletten dürfen nach Herzenslust an den Wänden gestapelt werden – nur sollten sie gut befestigt sein. Im Grunde können Sie eine Konstruktion bauen, die die ganze Wand bedeckt. So eine Bepflanzung ist zugleich eine vorzügliche Dämmung gegen sommerliche Hitze.

◄ Ob Kräuter, Erdbee-
ren oder Blumen. Ins
Vertikalbeet kann fast
alles.

◄ Bei guter Pflege ist
nach ein paar Wochen
von der Palette nichts
mehr zu sehen.

Vertikal gärtnern kann man auch eine Nummer kleiner. Nehmen Sie einfach
ein dickes Abfluss- oder Bambusrohr oder vier verschraubte Bretter. Dort hinein bohren Sie mit einer Lochkreissäge große Pflanzlöcher – und fertig ist ein
Kräuterturm. Auch übereinandergestapelte leere Bierkisten kann man bestimmt
herrlich bepflanzen. Oder einen ausrangierten Schrank, der eigentlich auf dem
Sperrmüll landen sollte.

BALKONGEMÜSE –
geht auch mit wenig Platz

Ich habe im Laufe der Jahre meinen Gemüsegarten lieben gelernt. Frisches, gesundes Gemüse … Aber nicht jeder hat Platz für Beete. Deshalb haben wir schon oft die Frage gestellt bekommen: „Kann man Gemüse auch auf dem Balkon anbauen?" Klar geht das, wenn auch nicht in Form einer Kürbisfarm. Fangen wir lieber nicht zu groß an.

◀ So ein üppiger Kräuterkasten liefert Geschmack pur für die Küche.

▼ Aber selbst Kartoffeln und Gemüse wachsen auf ein paar Quadratmetern.

Der leichteste Einstieg ist ein kleiner Kräutergarten. Schon der wird einen Quantensprung für Ihre Küche bedeuten. Frische Kräuter schmecken nun einmal viel besser als etwas aus Tüte oder Dose. Sie sind einfach anzubauen und sehr robust, können problemlos in den Blumenkasten gepflanzt und über das Balkongeländer gehängt werden. Dort haben sie genügend Luft und bekommen ab und zu einen Regenguss ab. Trotzdem sollten Sie gerade bei sonnigem Wetter darauf achten, dass der Boden nicht austrocknet. Es schadet

▶ Radieschen und
Salat kann man selbst
im normalen Balkon-
kasten ziehen. Sogar
mehrmals im Jahr.

▼ Für Gurken, Möhren
oder Sellerie braucht
man ein größeres Beet.
Dafür gibt es robuste
Pflanztaschen, die mit
Erde befüllt und dann
bepflanzt werden.

auch nicht, hin und wieder mit einem biologischen Kräuterdünger für ein paar zusätzliche Nährstoffe zu sorgen.

Tomaten, Gurken, Paprika, Sellerie, Möhren, Kohlrabi, Radieschen, Salat oder Süßkartoffeln lassen sich gut auf dem Balkon ziehen. Radieschen können Sie einfach in den Balkonkasten säen, sie brauchen nicht viel Platz. Auch mit zwei oder drei Salatpflanzen sollte das gehen. Bei größeren Pflanzen wie Tomaten oder Gurken bieten sich eher Kübel an.
    Praktisch sind auch Pflanztaschen aus robustem Gewebe. Die kleineren, etwa so groß wie ein Wassereimer, eignen sich beispielsweise für Kartoffeln; die großen bilden bereits richtige Beete mit 40 mal 90 Zentimeter Kantenlänge. Da kann man schon einiges hineinpflanzen. Der Vorteil der Taschen: Sie kosten nicht viel Geld und können, wenn man sie nicht mehr braucht, gesäubert, zusammengefaltet und platzsparend ins Regal gelegt werden. Oft gibt es Gewebetaschen ja auch als Einkaufsbeutel. Wenn diese groß genug sind, können Sie sie natürlich auch benutzen. Aber achten Sie darauf: Möhren zum Beispiel brauchen mindestens 30 bis 40 Zentimeter Raum nach unten.
    Besonders anziehend sehen Süßkartoffeln im Kübel aus. Schon die Blätter mit ihrer exotischen

▶ Süßkartoffeln – dekorativ und lecker: Mit dem speziellen Kartoffeltopf kann man auch einzelne Knollen für eine Mahlzeit ernten.

Form sind ein guter Grund, sie anzupflanzen. Es gibt sie in Grün und Dunkelrot – und sie blühen sehr schön. Ich habe die Süßkartoffeln in einen speziellen Kartoffeltopf gepflanzt. Er besteht aus einem äußeren und inneren Teil. Der innere hat Öffnungen. Hebt man ihn heraus, kann man schon Süßkartoffeln ernten, bevor man die ganze Pflanze aus dem Topf nimmt. Das funktioniert natürlich auch mit anderen Kartoffelarten.

Ganz wichtig ist die Erde, die in die Kübel oder Pflanztaschen kommt. Nehmen Sie nicht die normale Blumenerde aus dem Bau- oder Supermarkt. Diese Substrate sind, ich betone es noch einmal, oft vollgepumpt mit Kunstdünger. Für Balkonblumen geht das, aber nicht für das Gemüse, das wir essen wollen. Unbelastet wächst es nur in guter Garten- oder Bio-Pflanzerde.

Ideal ist übrigens ein sonniger, luftiger Balkon. Wenn der Wind auch mal durch die Pflanzen wehen kann, trocknen die Blätter und Früchte nach einem Regenschauer oder nach dem Gießen schneller. Das bedeutet weniger Probleme mit Krankheiten, Pilzbefall oder Schädlingen.

Tipp: Auch auf dem Balkon macht sich ein Regenmesser gut. So können Sie abschätzen, ob Sie noch einmal nachgießen sollten. Mehr dazu findet sich im Kapitel „Gießen im Sommer".

SPROSSEN, KEIMLINGE, MINIBLATTGEMÜSE

Frisches Brot, ein bisschen Kräuterquark und darauf Radieschen-Sprossen – was für ein Genuss. Sprossen kann man natürlich kaufen. Dann bezahlt man aber schnell zwei bis drei Euro für eine kleine Schale. Dabei sind sie ganz einfach selbst zu züchten. Und frischer geht's dann wirklich nicht mehr. Selbst im Winter haben Sie so gesundes, selbst gezogenes Mini-Gemüse.

Sprossen, Keimlinge und Miniblattgemüse kann man das gesamte Jahr über auf dem Fensterbrett wachsen lassen. Selbst im 20. Stock eines Hochhauses sind sie kinderleicht zu ziehen. Und es macht Kindern auch tatsächlich Spaß, weil innerhalb weniger Tage Erfolge zu sehen sind.

Ein Beispiel: die Kresse. Nehmen Sie eine Auflaufform, legen Sie in diese Küchenpapier, feuchten es an und verteilen dünn die Samen darauf – nach ein paar Tagen ist das Minigemüse fertig.

Hülsenfrüchte wie Mungbohnen, Kichererbsen oder Linsen enthalten viel Eiweiß. Miniblattgemüse wie Alfalfa, Rotklee, Radieschen, Zwiebeln und Senf tragen wertvolle Vitamine, Mineralien, Ballaststoffe und Chlorophyll in sich.

Aber dabei ist wichtig: Nehmen Sie nur unbehandeltes Saatgut, Biosaatgut oder Samen, die speziell für die Sprossenzucht bestimmt sind!

Eine Aufzucht im Keim-Glas ist ganz unproblematisch. Gläser mit einem Sieb als Deckel gibt es fertig zu kaufen. Man kann das Ganze aber auch wieder selbst basteln. Wenn Sie ein Glas mit einem Schraubdeckel aus Plastik haben (Nussnougatcreme o.ä.), bohren Sie kleine Löcher in den Deckel – fertig! Schraubdeckel aus Blech gehen auch, rosten aber schnell.

▲ Sprossen sind das am schnellsten wachsende Gemüse der Welt.

▶ Kaufen Sie Bio-Saat-
gut oder spezielle
Samen für die
Sprossenzucht.

▶ Ein Sprossenglas
kann man schnell
selbst bauen. Bohren
Sie einfach kleine
Löcher in den Plastik-
deckel eines Nuss-
nougatcreme-Glases.

Jetzt ein bis zwei Esslöffel Samen in das Glas geben und diese acht bis zehn
Stunden in Wasser vorweichen. Danach abgießen und das Keim-Glas zweimal
am Tag mit frischem Wasser durchspülen. Lassen Sie die Keimlinge ruhig eine
Minute im Wasser stehen, damit sich die Pflänzchen schön vollsaugen können.
Das Wässern ist auch wichtig, um Bakterien aus dem Glas zu spülen.

Praktisch sind auch die Keimboxen, die es im Handel gibt. Vier Schalen sind bei
diesen übereinander angeordnet. In den oberen drei wir ausgesät. Beim Wässern

◀▾ Zweimal täglich müssen das Sprossenglas oder die Sprossenzuchtbox mit frischem Wasser gespült werden.

läuft dann das Nass langsam durch und sammelt sich unten in der Auffangschale.

Nach fünf Tagen können Sie ernten. Und wenn Sie nicht gleich alles verbrauchen, halten sich Ihre Sprossen noch zwei bis drei Tage im Kühlschrank.

Wichtig ist Sauberkeit. Wir wollen ja Keimlinge züchten, keine Keime. Deshalb, die Gerätschaften gründlich säubern, bevor sie wieder benutzt werden, immer die Hände waschen und während der Zucht möglichst wenig mit den Fingern in die Gefäße mit den Keimlingen fassen.

Das Schöne an Sprossen, Keimlingen, Miniblattgemüsen ist: Sie machen kaum Arbeit und schmecken oft noch intensiver als die großen Gemüse.

ORCHIDEEN

Orchideen werden neben Rosen oft als die Königinnen der Blumen angese-hen. Es gibt über 25 000 Arten. Einige davon haben auch in unsere Wohnun-gen Einzug gehalten. Das liegt wohl an ihren wunderschönen Blüten. Zudem sind die Pflanzen, was Nährstoffe angeht, nicht sehr anspruchsvoll. Und wenn wir ein paar grundlegende Dinge beachten, kann man sie tatsächlich als pfle-geleicht ansehen.

Beim Gießen geht es schon gut los. Viel Was-ser brauchen Orchideen nicht. Ich empfehle, die Pflanzen einmal pro Woche ins Nass zu tauchen. Ist das Substrat noch dunkel und feucht und fühlt sich der Topf schwer an, reicht es, den Wurzelballen einmal kurz unterzutauchen. Ist das Substrat hingegen hell, die Pflanze leicht und wirken die Blät-ter schon etwas schlapp, sollten wir dem Topf Zeit geben, sich vollzusaugen. Am bes-ten tauchen wir die Orchideen in handwar-mes Regen- oder abgekochtes Leitungswas-ser. In der Wachstumsphase von Frühling bis Herbst können Sie dem Wasser alle zwei bis vier Wochen etwas Orchideendünger bei-mengen. Wichtig ist, den Ballen nach dem Tauchen gut abtropfen zu lassen, denn der größte Feind der Orchideen sind nasse Füße und Fäulnis.

Entscheidend für gutes Gedeihen ist auch der richtige Topf. Denn die Wurzeln brauchen Licht, machen sie doch mit bei der Photosynthese. Deshalb sind Orchideen in transparente Töpfe gepflanzt. Als Übertopf eignen sich am besten Glasgefäße oder spe-zielle Orchideen-Übertöpfe, die meist große Öffnungen haben.

Alle zwei bis drei Jahre sollte das Substrat erneuert werden. Dafür nehmen wir auf kei-nen Fall Blumenerde. Die lässt kein Licht mehr an die Wurzeln und schnürt sie sogar ab. Nutzen Sie nur Orchideensubstrat oder Pinienrinde. Beim Umtopfen sollten auch gleich alle abgestorbenen Wurzelteile beseitigt werden, um Fäulnis vorzubeugen.

▲ Orchideen sind ge-nügsame Schönheiten.

▲ Der richtige Topf, gutes Substrat, etwas Pflege – und Sie werden lange Freude an ihren Orchideen haben.

Auch überirdisch können wir etwas nachhelfen. Sind die Blüten abgefallen oder nur noch sehr kümmerlich, müssen die Stiele zurückgeschnitten werden. Dabei lassen wir jedoch zwei oder drei Augen stehen. Dort soll die Orchidee neu austreiben. Wenn sich schon neue Blütensprossen in den Blattachsen bilden, können wir die alten Stengel völlig abschneiden.

Die Blätter der Orchideen bekommen natürlich auch noch eine Pflegekur. Ich nehme handwarmes Wasser mit einem kleinen Schuss Rapsöl und wische sie damit ab. Danach glänzen sie nicht nur schön, sondern sind zudem gut gegen Blatt- oder Schildläuse geschützt.

Und was ist beim Kauf von Orchideen zu beachten? Der Wurzelballen sollte frisch aussehen, nicht zu nass sein und schöne grüne Wurzeln aufweisen. Wenn die

◀ Die Töpfe müssen
lichtdurchlässig sein,
denn auch die Wurzeln
der Orchideen sind an
der Photosynthese
beteiligt ...

◀ ... Nur so behalten
die Pflanzen ihre
prachtvollen Blüten.

Pflanze mehrere Stiele hat, ist die Blütenpracht natürlich umso üppiger. Kaufen Sie, wenn Sie die Wahl haben, eine Pflanze, die noch viele Knospen hat und nicht voll aufgeblüht ist. Die Blütenpracht steht dann noch bevor und Sie haben länger etwas von der Blume.

Phalaenopsis ist die Orchideen-Art, die am häufigsten in den Wohnzimmern anzutreffen ist. Wenn Sie mit dieser Erfolg haben, versuchen Sie es ruhig einmal mit ausgefalleneren Sorten wie Cymbidium, Frauenschuh oder Vanda. Die Vanda kommt übrigens komplett ohne Substrat aus. Ihre Wurzeln holen sich die Feuchtigkeit nur aus der Luft. Das funktioniert in ihrer tropischen Heimat wunderbar. Im deutschen Wohnzimmer müssen wir nachhelfen und die Wurzeln jeden Tag ein bisschen besprühen.

GUERILLA GARDENING

Blumen auf Verkehrsinseln, das Kartoffelbeet an der Straßenecke oder eine Tomate direkt auf dem Gehweg. Guerilla Gardeding ist für mich eine der kreativsten Arten zu gärtnern. Menschen in den Städten schaffen sich selbst kleine oder große grüne Oasen. Ein Trend? Sicher – aber Guerilla Gardening ist nichts Neues. Die Ursprünge liegen schon im England des 17. Jahrhunderts. Dort besetzten die True Levellers (Einebner) ungenutztes Land und bauten darauf Gemüse an, um es an ihre Anhänger zu verteilen.

◀ Eine Tomaten-pflanze wächst auf einem Schweriner Bürgersteig.

◤ Nur wenige Zutaten brauchen die sogenannten Samenbomben.

Der Name entstand aber erst 1973 in New York. Dort schufen die Green Guerrillas auf ungenutzten Flächen die ersten Gemeinschaftsgärten der Stadt. Seitdem gibt es immer mehr Anhänger auf der ganzen Welt, die in den Städten wilde Gärten und kleine botanische Hingucker schaffen, verkommene Anlagen oder Industriebrachen begrünen.

Ein einfacher Weg sind die sogenannten Samenbomben – kleine Komplettpakete, die

man fallen lassen kann und die sich beim
nächsten Regenguss aussäen. Samenbomben gibt es mittlerweile zu kaufen, aber
man kann sie leicht selbst herstellen. Wasser, etwas Lehm für den Zusammenhalt,
Gartenerde, ein bisschen organischer Dünger und Pflanzensamen werden zu einem
kleinen Ball geknetet. Als Saat bieten sich
Studentenblumen, Sonnenblume, Ringelblume, fertige Mischungen für Wildblumen-
oder Schmetterlingswiesen an, aber auch
selbst gesammeltes Saatgut von Wildkräu-
tern oder wilden Blumen. Ein schönes Ge-
matschte, an dem auch Kinder ihren Spaß
haben.

　　　Wenn die kleinen Samenbomben getrocknet sind, können Sie damit problemlos selbst schwer zugängliche Stellen begrünen. In Japan nutzen Bauern dieses Prinzip
seit hunderten von Jahren. Dort spricht man
vom Tsuchi Dango, dem Erdkloß.

　　　Damit können Sie dann auch mal über
einen Zaun hinweg gärtnern und hässliche
Ecken begrünen. Aber bitte werfen Sie die
dynamischen Samencocktails nicht einfach
auf das Grundstück des Nachbarn, sondern
nutzen Sie sie grundsätzlich nur für positive
Effekte. Keinesfalls darf man sie in Natio-
nalparks, Landschafts- oder Naturschutzge-
bieten einsetzen! Dort würden die auf diese
Weise eingeschleppten Pflanzen das emp-
findliche, natürlich entstandene Gleichgewicht stören.

Die Stadt eignet sich weit mehr, der Phantasie freien Lauf zu lassen. Baumscheiben sind
hier oft in einem erbärmlichen Zustand: har-
ter, verkrusteter Boden, von Autos plattge-
fahren, der kaum noch Wasser durchlässt.

Eine Bepflanzung kann helfen, den Bäumen die Wasseraufnahme zu erleichtern. Frühjahrs-, Sommer- und Herbstblumen machen sich gut – oder flach wurzelnde Stauden. Nicht verwenden sollte man tief wurzelnde Gewächse, Gehölze, dornige, giftige oder kletternde Pflanzen. Auf der Internetseite des NABU (Naturschutzbund Deutschland) finden Sie eine Pflanzenliste für Baumscheiben mit über 50 Arten, die sich eignen.

Die Baumscheibe vor Ihrem Haus können sie übrigens auch ganz legal bepflanzen. Fast alle Städte bieten Baumpatenschaften oder Pflegevereinbarungen an. Dann müssen Sie auch keine Sorge haben, dass jemand Ihre Pflanzen entfernen lässt. Zuständig ist das jeweilige Umwelt- oder Grünflächenamt. Dort wird man zudem über die Regeln für Bepflanzung und Pflege aufgeklärt.

Die Möglichkeiten, kleine Hingucker zu schaffen, sind vielfältig, preisgünstig und oft wenig aufwändig. Einige Beispiel: Mit einer Blechdose, etwas Kabelbinder und einer Blume können Sie einen Mast oder den Bauzaun, den man Ihnen vor die Nase gesetzt hat, ein bisschen ansehnlicher machen.

Manchmal gibt es ja auch ein Loch im Gehweg, das seit Jahren niemand ausbessert. Diese Lücke kann man nutzen, um eine schöne, leuchtende Blume zu pflanzen – und hilft damit vielleicht nebenbei, dass niemand mehr stolpert. Noch ein kleiner Minizaun um die Pflanze – und viele Leute werden ihre Freude

▾ Die bepflanzte Blechdose ist ein Blickfang an jedem Bauzaun oder Pfahl.

haben. Vorausgesetzt, Sie kümmern sich um Ihre Kreation, denn wer pflanzt, muss auch gießen.

Diese Form der Begrünung sollten Sie allerdings wirklich nur wählen, wenn es das Loch im Straßenbelag schon gibt. Wenn Sie extra einen Stein oder Asphalt entfernen, ist das Sachbeschädigung und kann Ärger geben!

Eines sollten Sie noch beachten: Guerilla Gärtner müssen immer damit rechen, dass ihre Bepflanzungen von Amts wegen entfernt oder durch Vandalismus zerstört werden. Suchen Sie sich also lieber Plätze, wo es möglichst niemanden stört – und dann viel Spaß beim Ausprobieren!

▲ Rote Blumen im Schlagloch machen den Gehweg sicherer.

MINITEICHE

Wasser ist im Garten immer ein Hingucker. Einen Teich anzulegen, bedeutet jedoch eine Menge Arbeit und viel Pflege. Es geht aber auch viel einfacher: mit einem Miniteich.

Ob der eingegrabene Mauerkübel als Bodenvariante oder freistehend, in Form einer alten Zinkwanne oder eines abgesägten Weinfasses – so einen kleinen Teich können wir ohne große Mühe in einer Stunde fertig anlegen.

◀ Ein abgesägtes Weinfass wird im Handumdrehen zum Miniteich.

▼ Auch sie ist ländlich dekorativ: die Zinkbadewanne mit Seerose.

Alte, abgesägte Weinfässer sind gerade der Trend. Man bekommt sie im Gartenfachmarkt – oder fragen Sie doch mal bei Ihrem Gärtner. Der kann das Gewünschte bestimmt über den Großhändler bestellen. Der große Vorteil der Weinfässer ist, dass ihr Eichenholz Gerbsäure enthält und folglich einen natürlichen Schutz vor Algen bietet.

Beim Anlegen des Teiches gibt es einfache Varianten und aufwendigere. Die einfachste Möglichkeit: Nehmen Sie eine Zink-

▶ Ein paar Steine grenzen die Tiefwasser- und die Sumpfzone voneinander ab.

wanne, legen in diese eine Seerose, füllen etwas Erde um sie herum, geben Wasser hinein – fertig! Als Erde eignet sich eine Mischung aus Gartenerde und Sand. Wenn Sie diese mit Kieselsteinen bedecken, haben Sie von Anfang an relativ klares Wasser. Die restlichen Schwebstoffe setzen sich schnell ab.

▶ Mit einjährigen Wasserpflanzen gestalten Sie schnell den Teich für einen Sommer.

Etwas aufwendiger ist die Zwei-Zonen-Variante. Mit ein paar Mauersteinen kön-
nen Sie Ihren Miniteich in eine Tiefwasser- und in eine Sumpfzone teilen. Die
Tiefwasserzone für die beliebten Seerosen, die Sumpfzone für Gräser, Schilf,
Binsen oder andere Uferpflanzen.

Sehr schnell vollendet und trotzdem dekorativ ist die einjährige Version. In eine
flache Schale wird ein Topf mit Zyperngras gestellt. Um diesen legt man Steine,
die den Topf stützen. Hinzu kommt ein dekorativer Feldstein in der passenden
Größe, der wie eine kleine Insel aus dem Wasser ragt. Und mit ein paar einjährigen Schwimmpflanzen ist der Miniteich vollendet. Das Praktische: Sie müssen sich keine Gedanken machen, wohin mit dem Teich im Winter. Im Herbst
kommen die Pflanzen auf den Kompost, der Behälter wird im Keller oder der
Garage gelagert. Und im nächsten Jahr lassen Sie sich etwas Neues einfallen.

Wer Wasserlinsen mag – oder, wie wir hier im Norden sagen, Entenflott –, kann
damit seinen Teich dekorieren. Sie vermehren sich sehr schnell und verringern
das Wachstum von Fadenalgen, weil weniger Licht in den Teich gelangt. Außerdem gilt das Gewächs als eiweißreich, sehr gesund und lecker. Auf manchen
Biomärkten ist es ein neuer Renner für das Salatbuffet.

Ein Miniteich stellt übrigens eine ideale Lösung für Eltern mit kleinen Kindern
dar, ist er doch vollkommen ungefährlich für die Kleinen.

◀ Die Flatterbinse ist
eine Pflanze, die im
Miniteich für sauberes
Wasser sorgt.

Wenn's kühler wird

KRÄUTER HALTBAR MACHEN

Der Herbst kommt – und langsam sieht man das auch Petersilie & Co an. Bevor meine Kräuter welk werden, sichere ich mir noch einen schönen Vorrat für den Winter. Ernten sollten wir die Kräuter am besten früh am Tag, wenn der Morgentau abgetrocknet ist. So ist es am günstigsten für die Pflanzen, die selbst in dieser späten Jahreszeit noch weiter wachsen.

◀ Kräuter erntet man am besten morgens.

▼ Die Kräutersträußchen sollten wettergeschützt und nicht in der prallen Sonne trocknen.

Man kann Kräuter auf drei Arten einfach haltbar machen.

1. Trocknen
Das Trocknen funktioniert bei allen Kräutern von Minze bis Basilikum. Wir schneiden sie möglichst mit langem Stiel ab. Dann binden wir sie zu kleinen, luftigen Sträußen zusammen und hängen sie an einem dunklen, trockenen, gut durchlüfteten Ort auf. Wichtig ist wirklich, dass Sie die Kräuter locker binden, sonst verderben sie leicht. Nach zwei Wochen sind die Kräuter

trocken und sollten in Gläser oder Dosen abgefüllt werden. Werden sie länger hängen gelassen, verlieren sie zu viel Aroma.

2. Einfrieren

Wir können Kräuter sortenrein oder in Mischungen, die wir mögen, einfrieren. Die trockenen Kräuter schön fein hacken. Petersilie, Dill und Schnittlauch können danach sofort eingefroren werden. Andere Kräuter wie zum Beispiel Basilikum sind sehr empfindlich und wären nach dem Auftauen nur noch Matsch. Um das auf einfache Weise zu verhindern und sie schonender einzufrieren, verarbeite ich

▶ ▼ Kräuter hacken und mit Wasser einfrieren – so lassen sie sich gut portionieren.

sie zu kleinen Kräutereiswürfeln. Dafür gebe ich die kleingehackten Kräuter in eine Eiswürfelform oder das Innenteil einer Pralinenschachtel und gieße sie mit Wasser auf. So bekomme ich kleine Kräuterportionen, die ich später prima zum Kochen nehmen kann.

3. Kräuterbutter

Auch das ist eine vorzügliche Lösung für die Küche: ein Stück Butter weich werden lassen, die Lieblingskräuter hineinmischen, das Ganze auf Butterbrotpapier oder Backpapier geben, einrollen, an den Enden zudrehen, bis es eine schöne stramme Wurst ist, und dann einfrieren. Ich ma-

◀ Aromatische Kräuter aus dem eigenen Garten können auch im Winter erfreuen – in Form von Eiswürfeln und einer Kräuterbutter.

che die Kräuterbutterwurst nicht zu dick, dann kann ich später besser Stücke für die Suppe, die Soße zum Fisch oder den Braten abschneiden.

Wir können unsere Kräuter natürlich auch zu einem leckeren Kräuteröl oder -salz verarbeiten.

Für Ersteres geben wir die Kräuter in ein Glas und füllen es bis zum Rand mit Öl. Je nach Vorliebe können Sie Sonnenblumen-, Raps- oder Olivenöl verwenden. Die Kräuter müssen allerdings nach zwei Wochen wieder raus aus dem Behältnis, sonst würde das Öl verderben. Ihre Aromen haben sie zu diesem

Zeitpunkt jedoch schon an ihre Umgebung abgegeben. Nun können wir die würzige Flüssigkeit in ein kleines Fläschchen füllen.

Beim selbst produzierten Kräutersalz ist es wichtig, dass die Kräuter möglichst fein gehackt werden. Wenn wir sie – etwa mit Hilfe eines Mörsers – in das Salz mischen, wird ihnen von diesem das Aroma entzogen. Ich empfehle, das Kräutersalz noch mindestens einen Tag trocknen zu lassen, bevor man es abfüllt. Lassen Sie es aber nicht in der prallen Sonne stehen – dadurch könnten sich die schönen Aromen verflüchtigen.

▲ Mit einem Bogen Backpapier lässt sich die Kräuterbutter einfach formen.

◀ Salz nimmt die Aromen aus den Kräutern auf.

WILDKRÄUTER

Der Frühling ist eine gute Zeit, um Wildkräuter zu sammeln. Viele davon breiten sich im Garten oder auf dem Grundstück wie ein kleiner Teppich aus. Durch den Regen und die erste Wärme frisch ausgetrieben, sind die jungen Pflanzen besonders zart und aromatisch.

Beifuß, Oregano, Löwenzahn, Gänseblümchen, Brennnessel, Sauerampfer – sie alle machen sich prima in Salat oder Suppe. Aus den Brennnesseln können Sie einen leckeren Salat machen oder einen gesunden Tee kochen. Aber bitte nutzen Sie diese schmackhafte Pflanze mit ihren unangenehmen Brennhaaren nicht unbehandelt! Erst wenn Sie Brennnesseln vor dem Verarbeiten mit einem Nudelholz rollen, platzen die Nesselzellen.

▲ Wildkräuter bringen Abwechslung in Salat und Suppe.

    Auch der Giersch – wer ihn einmal im Garten hat, wird ihn kaum noch los – schmeckt erstaunlich gut. Es ist eine Mischung aus Petersilie und Möhre. Aber probieren Sie selbst!

BEERENSTRÄUCHER PFLEGEN

Der Spätsommer ist die ideale Zeit, zum Beerenpfleger zu werden. Deshalb bekommen Himbeere, Brombeere, Heidelbeere oder die Johannisbeere jetzt einen „neue Frisur".

Die Johannisbeere braucht viel Luft. Alles, was bei ihr herunterhängt, muss ab. Am besten schneiden Sie gleich noch zwei oder drei der ältesten Triebe heraus. Die erkennt man daran, dass sie sehr dick sind und eine dunkle Rinde haben. Die meisten Früchte trägt die Johannisbeere nämlich an den zwei bis dreijährigen Trieben. Die bekommen im Spätsommer durch das Auslichten noch einen Entwicklungsschub, der ihnen für das kommende Jahr einen Vorteil verschafft. Höchstens acht Leittriebe sollten stehen bleiben.

▼ Die dicken, verholzten Triebe der Johannisbeere müssen beseitigt werden. Blaubeeren (unten) sind pflegeleichter.

Es könnte so schön sein, wenn alle derart pflegeleicht wären wie die Heidelbeeren. Hier muss man nämlich die ersten fünf Jahre gar nichts machen und dann auch nur ein bisschen Luft reinschneiden – fertig!

Bei den Himbeeren ist es etwas komplizierter. Das liegt schon daran, dass es Herbsthimbeeren gibt und Sommerhimbeeren. Die Herbsthimbeeren tragen später, sind aber weitgehend vor Maden geschützt, weil sie erst nach der Ei-Ablagezeit des Himbeerkäfers blühen. Wenn die Pflanzen abgeerntet sind, schneiden wir sie komplett runter.

Die Sommerhimbeere hingegen müssen wir ein bisschen gezielter bearbeiten. Alle Triebe, an denen wir dieses Jahr geerntet haben, fliegen raus, denn die Sommerhimbeere trägt am einjährigen Holz. Die jungen Ruten bleiben stehen. Auch abgestorbene Triebe werden entfernt. Die haben nämlich in den meisten Fällen die Rutenkrankheit, erkennbar an der bräunlich-violetten Färbung. Derartige Triebe dürfen nicht auf den Komposthaufen! Sie sollten verbrannt oder in der Biotonne entsorgt werden.

▶ Sommerhimbeeren tragen am einjährigen Holz, deshalb kann alles Alte rausgenommen werden.

▶ Das gilt auch für die Brombeeren. Alle Triebe, die Früchte getragen haben, werden abgeschnitten.

Ungefähr zehn Jungruten auf einen Meter sollten stehen bleiben. Sie haben jetzt im Spätsommer ordentlich Luft zum Wachsen. Und wenn Sie ihren Himbeeren einen Gefallen tun wollen: Sie lieben humusreichen Boden. Also ruhig die Flächen mit Rasenschnitt oder Blättern abdecken, damit kein Unkraut wächst. Dann fühlt sich die Himbeerpflanze richtig wohl. Am besten ist es natürlich, wenn Sie den Gewächsen vor dem Mulchen noch eine kleine Fußpflege gönnen. Alles, was hier außer der Reihe wächst, klaut Nährstoffe – und die braucht die Himbeere, um Kraft zu tanken für den Winter.

Auch die kleinen Ausläufer, die links und rechts emporschießen, sollten herausgenommen werden. Sie eignen sich prima als Jungpflanzen, wenn sie ein neues Himbeerbeet anlegen wollen. Beim Umpflanzen müssen Sie sich allerdings beeilen, denn die Himbeere hat sehr feine Faserwurzeln. Die mögen keine Sonne und sind in kurzer Zeit vertrocknet. Also: schnell ausgraben und schnell wieder eingraben.

▼ Aus den Seitentrieben werden neue Pflanzen.

Auch bei der Brombeere ist es einfach mit der Pflege. Alles, was vertrocknet ist oder in diesem Jahr Früchte getragen hat, wird beseitigt. Denn die Brombeere trägt ebenfalls am einjährigen Holz.

Nicht alles, was ich abschneide, muss direkt auf den Komposthaufen. Die Blätter von Brombeere und Himbeere nutze ich noch – man kann sie frisch, aber auch getrocknet wunderbar zum Tee aufgießen. Natürlich nur, wenn Sie kein Gift im Garten verwenden! Frischer Himbeerblättertee schmeckt fast wie Grüntee – leicht bitter, aber angenehm. Er ist zum Beispiel ein Hausmittel bei Magen- und Darmbeschwerden, Menstruationsschmerzen oder in der Schwangerschaft und Stillzeit.

▶ Wir haben den Himbeerblättertee probiert und waren erstaunt, wie gut er schmeckt.

EINLAGERUNG VON GEMÜSE

Das Gemüse ist prächtig gewachsen, die Ernte reich. Doch nicht alles kann man gleich verbrauchen. Wegwerfen ist definitiv keine Alternative. Einwecken oder einfrieren ginge – die meisten Inhaltsstoffe jedoch bleiben beim Einlagern erhalten.

Viele Gemüse vertragen im Beet noch leichte Minusgrade. Wenn aber starke Nachtfröste angesagt sind, sollten wir sie ernten und einlagern. Außerdem futtern sich kleine Nager wie die Wühlmäuse jetzt ihren Winterspeck an. Auch denen schmeckt unser frisches Gemüse – sie wissen, was gut ist.

▼ Fällt die Ernte üppig aus, ist das Einlagern die beste Lösung.

Am besten eignen sich die harten Gemüse zur Einlagerung: Möhre, Sellerie, Rote Bete, Petersilienwurzel, Steckrübe, Rettich oder Pastinake. Man nennt diese Sorten auch Lagerrüben, was schon auf ihre lange Haltbarkeit hindeutet.

Bei der Ernte müssen wir vorsichtig sein, denn beschädigte Früchte sind nicht lange lagerfähig. Deshalb hole ich mein Gemüse behutsam mit der Grabegabel aus der Erde und klopfe es nur leicht ab.

Was aus der Erde kommt, können wir dort auch prima lagern. So bietet es sich an, einen großen Topf, ein angebohrtes Fass oder eine Milchkanne mit ein paar Löchern einfach im Gartenboden zu versenken. Die Löcher sollten allerdings nicht so groß sein, dass Mäuse oder andere hungrige Gartenbewohner dort ein und aus gehen können. Bestens geeignet ist auch die alte Edelstahltrommel einer Waschmaschine oder eines Trockners. Ich empfehle ein paar Zentimeter Blähton als Drainage am Boden des Gefäßes. Dieser speichert etwas Feuchtigkeit, folglich bekommt das Gemüse nicht so schnell nasse Füße.

Dieses Gemüse stapeln Sie einfach in das Behältnis und schützen es mit einem

▸ Milchkanne oder Maurerkübel werden zum Gemüselager …

▸ … Dafür müssen sie nur im Beet eingegraben werden.

Deckel gegen Regen. Das Ganze sollte etwas beschwert und mit Tannenzweigen, Laub oder Stroh zugedeckt werden, um Kälte abzuhalten.

Etwas aufwendiger ist eine Miete, wie sie Opa schon im Garten hatte. Dafür grabe ich ein Loch – so groß wie zwei Obstkisten und gut einen halben Meter tief. Unten hinein kommt eine Schicht Stroh gegen die Feuchtigkeit, darüber stelle ich die

◀ Für die Miete muss ich erst einmal 50 Zentimeter tief graben.

◀ Von unten werden die Kisten mit Stroh isoliert. So sammelt sich keine Feuchtigkeit.

Kisten mit meinem Gemüse und bedecke auch sie dick mit Stroh. Aus vier Brettern bastele ich einen kleinen Rahmen – etwa 40 × 40 Zentimeter – und lege ihn an einer Seite auf die Kisten: Das wird mein Zugang. Dieser wird ebenfalls mit Stroh gefüllt, damit ich selbst dann noch an mein Gemüse komme, wenn der Boden gefroren ist. Der Rest des Lochs wird wieder mit Erde gefüllt, darüber kommt noch eine Laubschicht als Isolierung – fertig ist der kostenlose Ökokühlschrank.

▲ Während es
Kartoffeln trocken
mögen, bevorzugen
Möhren zum Beispiel
eine leicht feuchte
Lagerung.

Wenn Sie den Garten nicht direkt am Haus haben, können Sie ihr Gemüse natürlich auch in Keller, Garage oder Schuppen lagern. Kartoffel kommen einfach in
eine Kiste – möglichst mit Deckel, denn sie mögen es trocken, kühl und dunkel.
Rote Bete, Knollensellerie, Möhren und Steckrübe haben es dagegen gern ein
bisschen feuchter. Dafür legen wir etwas Gartenflies oder Folie in eine Kiste
und füllen sie mit leicht feuchtem Sand. Dann können wir das Gemüse, so wie
wir es aus der Erde geholt haben, in Schichten einlagern und wieder mit einer
Lage Sand bedecken. In einem kühlen Raum mit hoher Luftfeuchtigkeit bleibt
es auf diese Weise bis zum nächsten Frühjahr frisch.

Schwarzwurzeln und Topinambur können wir sogar den ganzen Winter im
Beet lassen und bei Bedarf ausgraben. Um zu verhindern, dass der Boden über

◀ Auch in einer Kiste mit Sand kann man Gemüse lange lagern.

◀ Beschädigte Früchte sollten Sie gleich verbrauchen. Für die Einlagerung sind sie ungeeignet.

dem Gemüse gefriert, decken wir ihn mit einer wärmenden Schicht aus Laub oder Stroh ab.

Kürbisse können Sie einlagern, allerdings mögen die es nicht sehr kühl. Achten Sie deshalb darauf, dass sie keinen Temperaturen unter zehn Grad ausgesetzt sind. Exemplare, die weich sind, Druckstellen haben oder andere Beschädigungen aufweisen, sollten sofort verbraucht werden.

Tipp: Sollten Sie Obst einlagern, dann unbedingt beachten: Äpfel müssen immer separat aufbewahrt werden. Sie verströmen das Reifegas Äthin – das andere Früchte und Gemüse nicht vertragen und deren Haltbarkeit stark vermindert.

WINTERVORBEREITUNGEN AUF BALKON UND TERRASSE

Schon im Herbst, wenn es merklich kühler wird, sollten wir unsere Pflanzen auf der Terrasse oder dem Balkon auf die kalte Jahreszeit vorbereiten. Gräser, Rosen, Buchsbaum und Ilex sind zwar winterhart, aber wenn sie im Topf stehen, dann kann es problematisch werden. An klaren Wintertagen scheint Sonne auf den Topf, der heizt sich auf, die Nächte sind dann jedoch wieder bitterkalt. Diese stark schwankenden Temperaturen bekommen den Pflanzen nicht. Deshalb müssen sie gut geschützt werden.

Der erste Schritt: Wir machen eine Unterbodenkontrolle. Die ist sehr wichtig, denn oft suchen sich die Wurzeln den Weg unten aus dem Topf heraus. Die Folge: Das Drainageloch ist dicht, Staunässe entsteht, der Topf geht kaputt. Dagegen gibt es eine schnelle und praktische Lösung: Das Loch wird freigebohrt. Die paar Wurzeln, die dabei zerstört werden, beeinträchtigen die Pflanze überhaupt nicht.

Einpacken kann man sie mit verschiedenen Materialien. Luftpolsterfolie zum Beispiel ginge – aber ich vermeide Plastik, wo es geht.

Ich bevorzuge eindeutig die ökologischste Variante, direkt aus dem Garten: Laub und Jutesack. Als Erstes gebe ich eine dicke Schicht Laub in den Sack, ehe ich die Pflanze darauf stelle. So hat sie schon einmal einen warmen Fuß. Den

◀ Laub ist ein prima Schutz für die Pflanzen.

▶ Dieser Jutesack ist gefüllt mit kostenloser Ökoisolierung.

Rest des Sacks fülle ich wieder mit Laub auf, bis gut 10 Zentimeter über die Blumenerde. Fertig ist ein perfekt isolierter Topf.

Die Methode hat einen weiteren Vorteil: Sie ist unschlagbar preisgünstig. Den Jutesack können Sie jedes Jahr wieder verwenden. Das Laub gibt es kostenlos. Und im Frühjahr ist es einfach auf dem Komposthaufen oder in der Biotonne zu entsorgen.

▼ Bastmatten halten die Füße der Rose warm.

Ganz wichtig ist im Winter immer etwas Abstand zum Boden – um Staunässe und Frostschäden zu vermeiden. Folglich sollte man ein paar Holzklötzchen oder Steine unter den Topf stellen.

Rosentöpfe umwickele ich mit Bastmatte. Dicke Bastmatten gibt es in verschiedenen Größen: Sie sind hübsch und sehr effektiv. Und diese Wintervorbereitung geht äußerst schnell: Matte an den Topf legen, sie mit Bindedraht befestigen – fertig. Auch hier wird auf die Erde noch einmal dick Laub gelegt, ein guter Isolator ist ganz wichtig. Beim Gießen müssen wir dann jedoch wirklich ein bisschen aufpassen. Man sieht nicht richtig, ob der Topfinhalt genügend Feuchtigkeit hat. Trocken stehen dürfen Pflanzen nämlich auch im Winter nicht. Also ruhig ab und zu mal unter

Tipp: Einen kleinen Herbstschnitt können Rosen gut vertragen. Sie können die Zweige ungefähr auf die Hälfte der ursprünglichen Länge stutzen, den Rest erst im Frühjahr. Dann haben wir immer noch ein bisschen Reserve, falls der Frost doch mal in die Pflanze gehen sollte.

dem Laub die Fingerprobe machen, ob die Erde noch leicht feucht ist!

Sie können Topfe und Pflanzen auch mit etwas Tannengrün schützen. So überstehen sie problemlos erste Kältephasen. Erst wenn die wirklich harten Fröste kommen, sollte man auch die oberen Teile schützen. Bis dahin brauchen sie jedoch viel Luft. Wenn Sie die Pflanzen oben zu früh mit einem Vlies abdecken, sammelt sich darunter Feuchtigkeit und es besteht die Gefahr von Pilzerkrankungen.

◀ Die Mütze bekommen die Pflanzen erst vor den harten Frösten.

GEWÄCHSHAUS REINIGEN

Im Oktober wird es Zeit, das Gewächshaus winterklar zu machen. Ein letztes Mal ernten. Ein paar Tomaten oder Paprika sind ja noch am Strauch. Alles, was jetzt noch nicht reif ist fürs Körbchen, können wir getrost vergessen – das wird ohnehin nichts mehr.

◀ Grüne Tomaten im Oktober haben keine Chance mehr.

▼ Auch die Bewässerung sollte gründlich gereinigt werden.

Nun gilt es, richtig sauber zu machen. Denn Sauberkeit ist das Wichtigste beim biologischen Pflanzenschutz. Das „Ausmisten" beginnt mit der Beseitigung des runtergefallenen Laubs. Zudem muss alles, was am Boden wächst, sorgfältig entfernt werden. Denn dort können sich Pilzsporen verstecken und vermehren. Bei dieser Gelegenheit entfernen wir am besten auch gleich die Bewässerungsanlage, falls eine vorhanden ist. Auch sie muss gründlich gereinigt werden, bevor sie im nächsten Jahr wieder zum Einsatz kommt. Am Ende sollte das Beet sauber und unkrautfrei sein.

Für die gründliche Reinigung des Treibhauses müssen alle Einbauten und Schnüre entfernt werden, weil hier gleichfalls Ungeziefer oder Pilzsporen überwintern könnten.

Gelb- und Blautafeln sind natürlich auch abzunehmen. Aber nicht wegwerfen! Die bunten Insektenfänger können wir mit handelsüblichem Pinselreiniger säubern. Im Frühjahr werden sie dann mit neuem klebrigen Lockstoff versehen und sind wieder einsatzfähig.

Elektrokabel wie die für die Heizung werden gern vergessen. Aber selbst sie müssen sich dem Herbstputz unterziehen. Den Strom abstellen und feste Elektroinstallationen vor Wasser schützen, denn jetzt kommt die Hauptreinigung bis in die kleinsten Ecken.

▼ Alles muss raus für die Großreinigung bis in die kleinsten Ecken – und Elektroinstallationen abkleben!

Ganz wichtig bei die Säuberung des Glases, denn die Pflanzen brauchen im Frühjahr wirklich viel Licht. Die größten Keimherde sind aber die Kanten der Metallprofile, Stöße, Überlappungen, Lüftungsklappen – da sitzt der meiste Dreck, der muss gründlich entfernt werden.

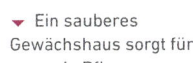

▼ Ein sauberes
Gewächshaus sorgt für
gesunde Pflanzen.

Dem Schmutz rücken wir am besten mit einem Hochdruckreiniger zu Leibe. Bei den dünnen Gewächshausscheiben lieber etwas Abstand halten, denn die gehen sonst leicht zu Bruch. Die Außenreinigung mache ich gleich mit, wer weiß, wann im Frühjahr das Wasser angestellt werden kann. Bei hartnäckigem Schmutz können wir Schrubber, Gallseife oder Waschsoda zu Hilfe nehmen.

Wenn die Grundreinigung erledigt ist, sprühen wir nochmal alles mit einem Desinfektionsmittel aus – Arbeitsflächen, Töpfe, Gewächshausecken und -kanten. Ökologisch unbedenkliche, giftfreie Desinfektionsmittel bekommen Sie im Garten-Fachhandel.

WERKZEUGPFLEGE

Alles im Garten ist erledigt. Jetzt können wir das Werkzeug einmotten. Damit es im neuen Gartenjahr gleich wieder einsatzbereit ist. Hier ein paar hilfreiche Tipps.

▼ Nach dem Gartenjahr braucht unser Werkzeug Pflege.

Zunächst werden die Werkzeuge alle grob gereinigt. Erdreste und Schmutz müssen beseitigt werden. Verunreinigungen lassen sich gut mit einer groben Bürste entfernen. Danach wischen wir noch einmal mit Seifenwasser nach. Bei Geräten aus Edelstahl sind wir dann schon fertig, Harken und Spaten aus Wald- und Wiesenstahl allerdings müssen meist noch ein wenig vom Rost befreit werden – mit Stahlwolle, Schleifpapier oder Drahtbürste.

Gartenwerkzeuge mit geschärften Kanten und Zähnen wie Spaten, Hacke oder Gruber sind übers Jahr durch das Arbeiten stumpf geworden. Zum Nachschärfen spannen wir sie einfach in den Schraubstock und schärfen die Kanten mit einer Flachfeile. Mit einem Winkelschleifer geht dieses auch, aber aufgepasst: Schnell ist zu viel heruntergeschliffen oder der Stahl wird durch die Bearbeitung mit der Maschine zu heiß, glüht aus und verliert an Härte. Ein guter Spaten kostet zwischen 50 und 100 Euro – also lieber etwas vorsichtiger rangehen.

Die Holzstiele werden nur mit einer Bürste oder einem feuchten Lappen gereinigt. Wenn Sie raue Stellen oder kleine Beschädigungen finden, können Sie das Holz mit feinem Schleifpapier oder einem Schleifschwamm glätten.

Ist alles sauber, werden die blanken Metallteile eingeölt – mit Pflanzenöl oder einem biologisch abbaubaren Öl wie Ballistol. Die Holzstiele behandeln wir mit einer

▶ Die Gartenschere hat viele Winkel, in denen Keime und Erreger überwintern. Deshalb sollte sie zerlegt und gründlich gereinigt werden.

▶ Ein paar Tropfen harzfreies Öl – und die Schere ist wie neu.

Mischung aus 50 Prozent Leinöl und 50 Prozent Terpentinersatz. Leinöl pflegt und erzeugt eine schöne, glatte Oberfläche, der Terpentinersatz fördert ein tiefes Eindringen in das Holz.

Auch die Schneidewerkzeuge sollten gereinigt werden. Scheren und Messer bitte gründlich vom Pflanzensaft und Schmutz befreien. Dort könnten nämlich die Keime von Pflanzenkrankheiten überwintern. Ich baue meine Gartenschere jedes Jahr auseinander. Die Einzelteile werden mit Spiritus, Bio-Alkohol oder heißem Wasser gründlich desinfiziert. Danach schärfe ich die Klingen mit einem nassen Schleifstein. Auch hier sollte man am besten auf eine Maschine verzichten, damit der Stahl nicht ausglüht. Beim Zusammenbau kommt gleich etwas Öl dazu. So haben Sie lange Freude an Ihrer Lieblingsgartenschere.

Auch Geräte mit Benzinmotor wie Rasenmäher oder Heckenschere brauchen etwas Pflege vor dem Winter. Am besten sollten sie den Kraftstoffbehälter volltanken und ein Additiv dazugeben, das Ventile und Membranen im Motor vor Korrosion schützt. Danach das Gerät noch einmal ein paar Minuten laufen lassen, damit besagtes Additiv auch wirklich überall im Motor ankommt. Nach dem Reinigen ist die Maschine dann fertig zum zwischenzeitlichen Einmotten.

◀ Ein Additiv im Benzin schützt den Motor vor Korrosion.

Noch ein wichtiger Tipp für Ihre Sicherheit! Wenn Sie an Messern, Schneidwerken oder anderen gefährlichen Teilen ihrer motorgetriebenen Gartengeräte arbeiten, achten Sie darauf, dass der Netzstecker gezogen ist, Akkus entfernt sind beziehungsweise bei Benzinmotoren der Kerzenstecker abgezogen oder die Zündkerze herausgedreht sind! Nicht das die Maschine plötzlich losläuft!

Liebe Leserin, lieber Leser! Wie hat Ihnen die Lektüre gefallen?
Bitte bewerten Sie uns im Internet.

Die Deutsche Bibliothek verzeichnet diese Publikation in der Deutschen
Nationalbibliografie; detaillierte bibliografische Daten sind im Internet
über http://dnb.ddb.de abrufbar.

© Hinstorff Verlag GmbH, Rostock 2017
Lagerstraße 7, 18055 Rostock
Tel. 0381/4969-0
www.hinstorff.de

1. Auflage 2017
Herstellung: Hinstorff Verlag GmbH
Lektorat: Thomas Gallien
Titelgestaltung und Layout: Beatrix Dedek
Druck: CPI books GmbH, Leck
Printed in Germany
ISBN 978-3-356-02086-1

Lizensiert durch
Studio Hamburg Enterprises GmbH